U0855064

设计 Design makes a better life
让生活更美好

图书在版编目（C I P）数据

室内软装饰设计 / 文健等主编. -- 北京 : 中国建材工业出版社，2018.3（2023.6重印）
ISBN 978-7-5160-1845-3

Ⅰ. ①室… Ⅱ. ①文… Ⅲ. ①室内装饰设计 Ⅳ. ①TU238.2

中国版本图书馆CIP数据核字(2017)第073021号

内 容 提 要

本书主要介绍了室内软装饰设计的基本知识，共分为六个项目，分别为了解软装饰设计、家具的设计运用、灯饰的设计运用、布艺搭配技巧、陈设品的设计运用与优秀软装饰设计案例欣赏。本书内容全面，详细讲述了软装饰设计的分类特点、搭配技巧，并结合大量图例与解析，辅以各种设计训练，旨在培养优秀的室内软装饰设计人员。

本书可作为环境艺术设计专业与室内设计专业的基础教材使用，也可以作为业余爱好者的自学辅导用书。

室内软装饰设计

主　　编：文　健　张小林　张志军　俞明海

出版发行：中国建材工业出版社

地　　址：北京市海淀区三里河路1号

邮　　编：100044

经　　销：全国各地新华书店

印　　刷：三河市祥达印刷包装有限公司

开　　本：880mm×1230mm　1/16

印　　张：16

字　　数：310千字

版　　次：2018年3月第1版

印　　次：2023年6月第5次

定　　价：68.00元

本社网址：www.jccbs.com　　本社微信公众号：zgjcgycbs

请选用正版图书，采购、销售盗版图书属违法行为

本书如有印装质量问题，由我社市场营销部负责调换，联系电话：（010）88386906

校企合作环境艺术设计专业与室内设计专业精品教材

互联网＋教育改革新理念教材

室内软装饰设计

SHINEI RUANZHUANGSHI SHEJI

文　健　张小林　张志军　俞明海　主　编
叶晓燕　范文君　黄晓欣　副主编

教·学
资　源

中国建材工业出版社

PREFACE 前言

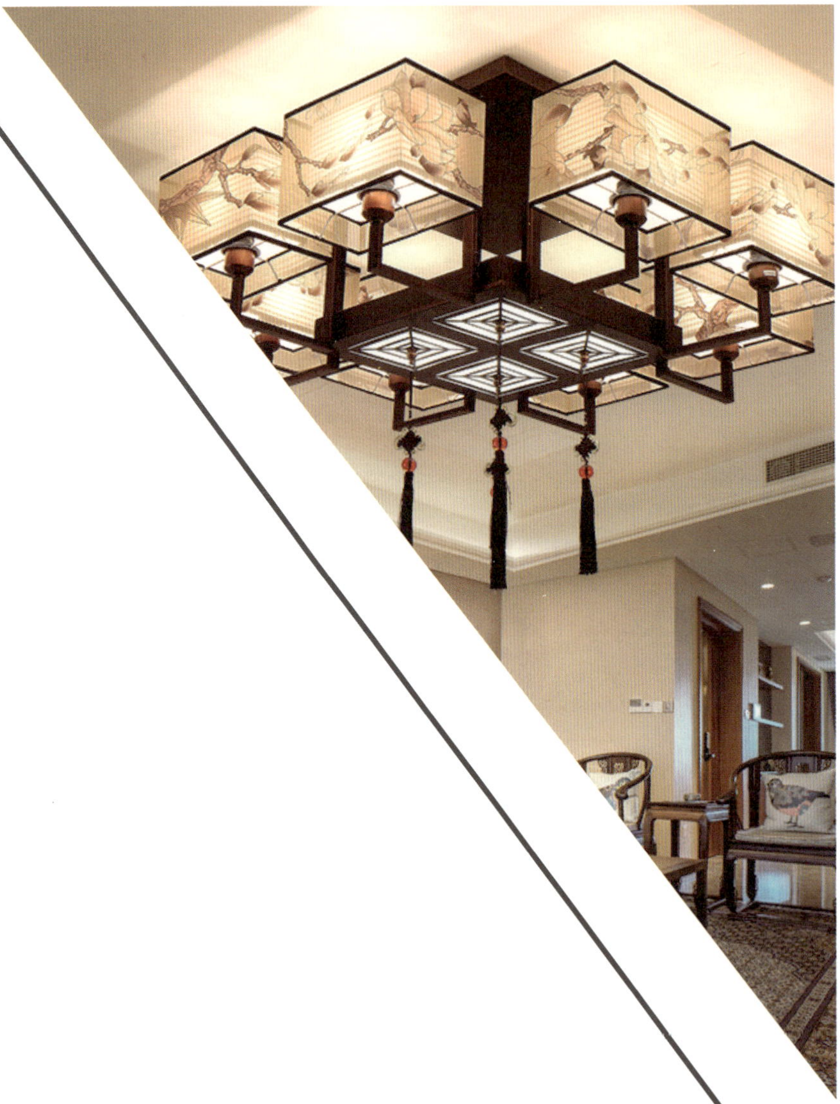

《室内软装饰设计》是环境艺术设计专业和室内设计专业的一门专业必修课，同时也是家具设计、展示设计和产品设计专业的一门专业选修课。所谓软装饰设计是指在室内基础装修完毕之后，利用那些易更换、易变动位置的装饰物，如家具、窗帘、地毯、工艺品、灯饰、挂画和餐具等，对室内空间进行二度陈设与装饰的一门新兴设计学科。相较于传统“硬装”，软装饰设计更能体现出空间使用者的品位和审美素养，是营造室内空间氛围的点睛之笔，它打破了传统的装修行业界限，将家具、灯饰、布艺、陈设品等进行重新组合，丰富了空间的形式，满足了空间的个性化需求，是一门融合了艺术性、功能性和人文性的综合性学科。

随着“轻装修重装饰”的理念被越来越多的人接受和认可，室内软装饰设计越来越受到人们的重视，因此对室内软装设计人员的要求也越来越高。他们除了需要具备很高的设计类的专业知识和专业技能外，还要具备一定的文化储备、较强的沟通表达能力和开阔的视野。基于学科特性和人才现状，为了培养高素质的室内软装饰人才，全面提升学生能力，我们编写了《室内软装饰设计》这本教材。

具体而言，本书具有以下特色：

- 精讲理论，与时俱进

本书脉络清晰，体系完整：先总述软装饰设计的概念、流程、风格、礼仪等，又详细讲解了家具、灯饰、布艺、陈设品的设计运用，最后通过优秀软装饰设计案例欣赏，使学生全面掌握软装饰设计的理论知识。同时，在理论知识的讲解过程中，结合案例解析、图片欣赏、拓展阅读等多种形式，既避免理论知识的枯燥，又尽力引进当下行业中的新理念、新材料、新工艺、新技术、新标准。

- 图例引导，强化意识

本书将相关理论知识和软装饰配套设计实例相结合，通过大量图片欣赏与案例解析，既调动了学生学习积极性，又通过优秀作品的熏陶，提升学生的审美能力；还通过对案例的点拨，使学生“知其然且知其所以然”，强化了设计意识与探索精神。

- 动手操作，掌握技能

“纸上得来终觉浅”，创新精神、动手能力才是室内软装饰设计人员的根本。因此，在教材的编排上我们始终将技能的培养作为主线贯穿始终。本书在每个任务后，精心安排了设计训练，涵盖了室内软装饰设计的全流程，且形式多样，包括市场调研、案例分析、情景模拟、角色扮演、设计实操等，充分发挥学生的主观能动性，增强教材的互动性与启发性。

- 体例丰富，易教易学

本书在每章内容讲解前设置了“学习目标”“学习要点”“教学方法”，有助于学生学习的同时，方便教师授课；正文中适时插入“拓展阅读”“课堂互动”“设计案例”“设计训练”等模块，既有利于拓宽学生的知识面，帮助学生理解教学内容，又增加了本书的趣味性和可读性，同时也丰富了课堂体验。

ⱡ 资源丰富，扫码即得

在“互联网＋”时代下，教材的立体化资源非常重要。本书配备了与知识相关的扩展图集、案例视频等优质配套资源，只需要拿起智能手机“扫一扫”，就能即刻看到相关的图片、视频资料，使学生获得全方位的学习体验。

为学习贯彻党的二十大精神，提升课程铸魂育人效果，本书专门在扉页“教·学资源”二维码中设计了相应栏目，以引导学生践行社会主义核心价值观，涵养学生奋斗精神、敬业精神、奉献精神、创新精神、工匠精神、法制精神、绿色环保意识等。

本书由文健、张小林、张志军、俞明海担任主编，由叶晓燕、范文君、黄晓欣担任副主编。本教材在编写过程中得到了广州城建职业学院建筑工程学院广大师生的大力支持和帮助，广州市奥韵荟家居饰品发展有限公司提供了大量的资料和图片，在此一并感谢。由于编者的学术水平有限，本书可能存在一些不足之处，敬请读者批评指正。

本丛书编委会

一、合作学校（排名不分先后）：

广州城建职业学院
佛山市南海技师学院
广州纺织服装学校
台山敬修职业学校
广州华侨职业学校
广州市工贸技师学院
广东理工学院
齐鲁理工学院
广州城建高级技工学校
广东省理工职业技术学校
广东省城市建设技师学院
广东机电职业技术学院
中山职业技术学院
番禺新造职业技术学校
广州市海珠商务职业学校
惠州市技师学院
东莞市技师学院
河源市技师学院
广东岭南现代高级技工学校
广州国防技师学院
广州市轻工技师学院

二、合作支持企业（校企合作共建课程体系）：

广东省装饰行业协会
广州市铂域建筑设计有限公司
广州鼎舍装饰设计有限公司
广东省美术设计装修工程有限公司

广东名达装饰工程有限公司
佛山市上林装饰环境设计有限公司

三、编委会成员

主　编：文　健　张小林　张志军　俞明海
副主编：叶晓燕　范文君　黄晓欣
顾　问：郭　琼（博士、华南农业大学林学院副教授）
郑成标（广州市铂域建筑设计有限公司总经理）
卢咸星（广州鼎舍装饰设计有限公司总经理）
胡小梅（广东省设计师中心主任）
林建飞（高级设计师、广州美术学院副教授）
陈　游（高级设计师、广东省装饰行业协会理事）
李　毅（广东省装饰行业协会技能鉴定所所长）
黎研明（广东名达装饰工程有限公司总经理）

四、编委会主任委员

周　晖（广州城建职业学院建工系主任）
林洁芬（广州市工贸技师学院文化创意系主任）
邓　泰（国家一级设计师，享受国务院特殊津贴专家）
石树勇（广州科技职业技术学院艺术系主任）
孙光意（肇庆工商职业技术学院艺术系主任）
彭清林（广东理工学院艺术系主任）
沈鸿才（广东科技职业学院环艺与装饰教研室主任）
林群华（广州海珠商务学校艺术科科长）

五、编委会委员（排名不分先后）

鄢维峰　张　双　魏爱敏　赵　晨　关　未　周可亮　刘　兵　叶晓燕　徐瑞萍　刘圆圆
聂　毅　尹　庆　刘　明　林怡标　盘　城　陈福兰　黄　洋　胡　娉　何　丽　张志军
邹　斌　曾　东　杨碧香　张　霞　王闽松　常　娜　巫丽红　韩建伟　衣国庆　毕秀梅
付效梅　廖伟平　陈茂群　罗祥俊　吴　伟　赵成余　郑　福　邓超林　秦　杰　周　鑫
张文娟　金　樾　刘　颖　徐　冰　陈辛哲　陈国兴　程　功　杨　群　杨小云　詹素琼
徐慧敏　蓝　青　李　娜　俞明海　陈升远　徐　伟　李苑玲　李立峰　陈宜秀　黄健儿
石开林　陈国成　顾卫雄　黄湘菡　谢春茂　吕诣遐　陈　巍　游　凯　彭金奇　李立雯
邱　妍　陈　衍　张伟喜　葛巧玲　陈慧婷　康乃德　赵春江　钟　琳　杨理琪　杨临萍
萧汉鎏　王雪芹　罗菊平　陈碧晖　陈淑迎　王冬玲　何超红　刁伟燕

目录

CONTENTS

项目一 了解软装饰设计

PROJECT ONE

项目二 家具的设计运用

PROJECT TWO

项目三 灯饰的设计运用

PROJECT THREE

项目四 PROJECT FOUR 掌握布艺搭配技巧

项目五 PROJECT FIVE 陈设品的设计运用

项目六 优秀软装饰设计案例欣赏

PROJECT SIX

项目一

PROJECT ONE

了解软装饰设计

LIAOJIE RUANZHUANGSHI SHEJI

学习目标

1. 了解软装饰设计的基本概念和特点。
2. 掌握软装饰的分类和设计流程。
3. 了解软装饰设计的风格。
4. 掌握软装饰设计的搭配原则。

教学方法

1. 讲授结合图片展示，通过对软装饰设计基本概念的分析与讲解，让学生了解软装饰设计的主要内容、设计程序和设计风格，启发和引导学生的设计思维，提升学生的软装饰设计审美能力。
2. 遵循教师为主导，学生为主体的原则，采用启发式提问与课堂练习相结合的教学方式，使学生积极思考并能动手练习，鼓励学生探究软装饰设计的美学规律。

学习要点

1. 掌握软装饰设计的流程，并能根据具体的室内空间制作初步的软装饰设计方案。
2. 能编辑软装饰设计方案文本。

任务一 了解软装饰设计的基本概念

学习目标

1. 了解软装饰设计的基本概念，掌握软装饰设计的范围。
2. 了解软装饰的分类，并养成分类整理软装饰素材和资料的习惯。
3. 掌握软装饰设计的流程，并能够根据前期硬装修设计方案配置相应的软装饰设计方案。

教学方法

1. 理论讲授、图片展示与案例分析相结合，理论讲解与实战案例相结合，提升学生的软装饰设计认知能力。
2. 培养学生的实践动手能力，通过实战案例锻炼学生的软装饰方案文本设计能力。

学习要点

1. 掌握软装饰设计的流程，并能根据具体的室内空间制作初步的软装饰设计方案。
2. 能编辑软装饰设计方案文本。

一、软装饰设计的基本概念和特点

软装饰设计是指在室内基础装修完毕之后，利用那些易更换、易变动位置的装饰物，如家具、窗帘、地毯、工艺品、灯饰、挂画和餐具等，对室内空间进行二度陈设与装饰的一门新兴设计学科。软装饰设计打破了传统的装修行业界限，将家具、灯饰、陈设品、布艺等进行重新组合，形成一个新的理念，丰富了空间的形式，满足了空间的个性化需求，更能体现出空间使用者的品位和审美素养，是营造室内空间氛围的点睛之笔。

软装饰设计是一门综合性学科，它所涉及的范围非常广泛，包括美学、光学、色彩学、哲学和心理学等。在具体设计时还需要根据室内空间的大小、形状、使用性质、功能和美学需求来进行整体策划和布置，具有以下鲜明的特点。

（一）软装饰设计强调“以人为本”的设计宗旨

软装饰设计的主要目的就是创造舒适美观的室内环境，满足人们多元化的物质和精神需求，确保人们在室内的安全和身心健康，综合处理人与环境、人际交往等多项关系。因此，科学地了解人的生理、心理特点和视觉感受对软装饰设计来说是非常重要的。

（二）软装饰设计体现多元化的艺术诉求

不同的历史时期和社会形态使人们的价值观和审美观产生较大的差异，也影响着软装饰设计的发展。新材料、新工艺的不断涌现和更新，为软装饰设计提供了无穷的设计素材和灵感。软装饰设计要配合人们不同时期的艺术审美诉求，以多元化的设计理念，融合不同风格的精要，运用物质技术手段，结合艺术美学，创造出具有表现力和感染力的室内空间形象，使得室内设计更易为大众所认同和接受。

（三）软装饰设计是一门持续发展的学科

软装饰设计的一个显著特点就是它对由于时间的推移而引起的室内功能的改变表现得特别突出和敏感。当今社会生活节奏日益加快，室内的功能也趋于复杂和多变，装饰材料、室内设备的更新换代不断加快，室内设计的“无形折旧”更趋明显，人们对室内环境的审美也随着时间的推移而不断改变。这就要求室内设计师必须时刻站在时代的前沿，创造出具有时代特色和文化内涵的室内空间。在倡导绿色设计、生态设计的大环境下，软装饰设计为室内设计师实现空间的美学转换提供了可能。

二、软装饰设计的分类

（一）按使用功能分类

软装饰设计按室内空间的使用功能可分为家居空间软装饰设计和公共空间软装饰设计。

1．家居空间软装饰设计

家居空间软装饰设计是指针对室内居住空间，如客厅、餐厅、卧室、书房等进行的软装饰设计，应根据空间的整体设计风格及主人的生活习惯、兴趣爱好和经济情况，设计出符合主人个性品位，且经济、实用的室内空间环境。

图1-1　新古典简欧风格室内软装饰设计，展现了高贵典雅的气质和艺术气息

2．公共空间软装饰设计

公共空间软装饰设计是指针对室内公共空间，如酒店、会所、餐馆、办公室等进行的软装饰设计，应根据具体空间的整体风格和功能需求，设计出符合特定的空间使用性质、展现空间气度和氛围的室内空间环境。

公共空间软装饰设计——汉舍川菜馆

图1-2 充满特色的个性餐厅，古香古色，带着食客感受旧时光的温暖

（二）按按材料和工艺分类

软装饰设计按材料和工艺可分为家具设计、灯饰设计、布艺设计和陈设品设计。家具设计、灯饰设计、布艺设计、陈设品设计都是软装饰设计的重要组成部分，它们的选择与布置对于室内环境的装饰效果起着重大的作用。

1. 家具设计

家具是指在生活、工作和社会活动中供人们坐、卧、支撑和存储物品用的设备和器具。

家具设计是指用图形（或模型）和文字说明等方法，选择不同造型、功能、尺度、色彩、材料和结构的家具进行布局的过程。

现代家具欣赏

◀ 书架上方设有晾衣架

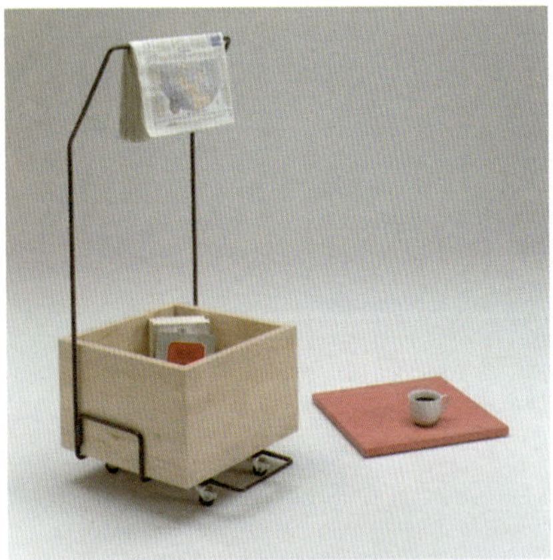

▲ 小推车能当收纳箱用，上盖可当托盘用

▲ 小椅子反转过来，可以当托盘用

图1-3　意大利设计师Simone Simonelli设计的多功能家具作品

图1-4 现代经典家具

2．灯饰设计

灯饰是指用于室内照明和装饰的灯具。

灯饰设计是指对选择不同造型、色彩、材料和结构的灯具进行布置的过程。

现代灯饰欣赏

图1-5　现代经典灯具

3．布艺设计

布艺是指以布为主料，经过艺术加工，达到一定的艺术效果，满足室内装饰要求的纺织制品。

室内布艺设计包括对窗帘、地毯、靠垫、台布等纺织物的色彩、样式和图案进行的选择与布置。

图1-6　现代布艺欣赏

4．陈设品设计

陈设品是指用来美化和强化室内环境视觉效果的、具有观赏价值和文化意义的室内展示物品，包括室内工艺品、艺术品、挂画、餐具、茶具等。

室内陈设品设计要注意体现民族文化和地方文化，还应注意与室内整体格调相协调。

精选作品欣赏

图1-7　陈设品欣赏

三、软装饰设计的流程

软装饰设计本质上是对室内装饰物品进行的有序组合，其设计流程包括以下几个步骤。

（一）首次空间测量

【工具】尺子、相机

【工作流程】

（1）了解空间尺度，硬装修基础；

（2）测量现场尺寸，并绘制出室内空间平面图和立面图；

（3）现场拍照，记录室内空间的形态。

【工作要点】测量时间应在硬装修完成后；在构思配饰产品时要对空间尺寸准确把握，按比例进行设计布置。

（二）生活方式探讨

【工作流程】就以下4个方面与客户沟通，捕捉客户的需求。

（1）空间流线和生活动线；

（2）生活习惯；

（3）文化喜好和风格喜好；

（4）宗教禁忌。

（三）色彩和质感元素探讨

【工作流程】详细观察和了解硬装现场的色彩关系及材料质感，要对整体软装饰设计方案的色彩和材质进行总体控制，把握主要的色彩关系，即背景色、主体色和点缀色。同时，在材质的选择上既要协调统一，又要在质感和纹理上体现变化。

（四）风格元素探讨

【工作流程】与客户探讨软装饰的装饰风格，明确风格定位，尽量通过软装饰的合理搭配完善和弥补硬装修的缺陷。软装饰的风格可以与硬装协调统一，表现出室内空间的整体感，也可以用不同风格的软装饰混搭硬装，表现出新颖、独特的审美品位。

（五）初步设计构思的确立和初步室内软装饰设计方案的制作

【工作流程】设计师综合以上环节并结合室内平面布置图，制作软装饰设计方案布局图，并选配家具、布艺、灯饰、饰品、画品、花品、日用品等，注意产品的比重关系（家具60%，布艺20%，其他均分20%）。软装饰设计方案可以在色彩、风格、产品、款型认可的前提下作两份报价，一个中档，一个高档，以便客户有一个选择的余地。

（六）二次空间测量

【工作流程】 设计师带着软装饰设计方案到现场考量软装饰的搭配情况，全面核实产品尺寸，并对细部进行纠正，反复评估方案的合理性。

（七）签订软装饰设计合同

【工作流程】 软装饰设计方案经客户确认后与客户签订《软装饰设计合同》，并按比例收取设计费。

（八）配饰元素信息采集

【工作流程】

（1）家具选择：先进行品牌选择和市场考察，然后定制家具，要求供货商提供家具设计CAD图、产品列表和报价。

（2）布艺和灯饰选择：先产品考察，选择与软装饰设计风格相对应的产品，制作产品列表和报价表。

（九）方案讲解

【工作流程】 将软装饰设计方案制作成PPT文件，详细、系统地介绍给客户。在介绍过程中认真听取客户的意见，以便下一步对方案进行修改。

（十）方案修改

【工作流程】 在进行完方案讲解后，针对客户反馈的意见进行方案修改，包括色彩调整、风格调整、配饰元素调整和价格调整。

（十一）确定配饰产品

【工作流程】 与配饰产品厂商核定产品的价格及存货后，与客户确定配饰产品的采购，然后与客户签订采购合同。

（十二）购买产品

【工作流程】 在客户签订采购合同后，按照软装饰设计方案的排序进行配饰产品的采购与定制。一般情况下，应先确定家具并采购（需30～45天），随后确定是布艺和灯饰（需10天左右），其他配饰品如需定制也要考虑相应制作时间。

（十三）进场安装摆放

【工作流程】 作为软装饰设计师，现场的布置和摆放能力非常重要。布置和摆放时一般按照家具—布艺—画品—饰品的顺序进行调整和摆放。每次产品到场，都要设计师亲自参与摆放。

设计案例欣赏——新古典风格室内软装饰设计

新古典风格

主题：淡雅新奢华

SOFT LOADING DESIGN

设计思路：

本案设计主要体现现代主义新古典风格的淡雅奢华，将古典与现代，传统与时尚的元素兼容并蓄，既对立又统一。设计多元化，灵活多变，利用多种不同的材质组合空间，光亮的，暗淡的，华丽的，古朴的，平滑的，粗糙的相互穿插对比。现代主义新古典在一定程度上显示出怀古的浪漫和当下个性化需求的融合效应。

本方案主人公定位为30～45岁的一对夫妻，他们有着高雅的品味，追求时尚、浪漫。夫妻二人育有一女，女儿追求精致典雅的生活，爱好DIY饰品，喜欢宠物狗，文静又乖巧。

平面图

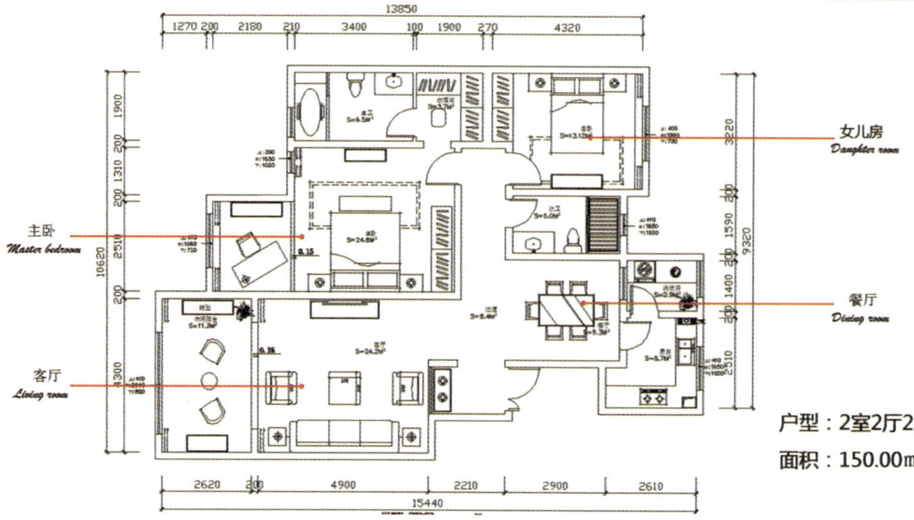

户型：2室2厅2卫

面积：150.00㎡

玄关整体软装陈设效果

玄关

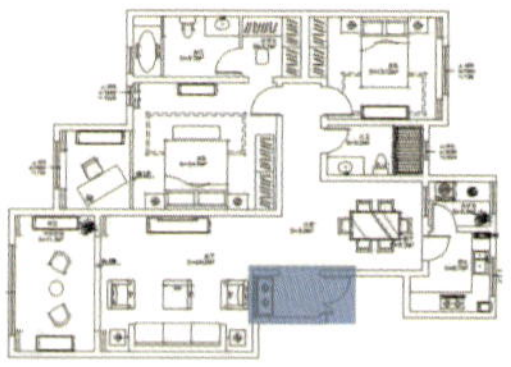

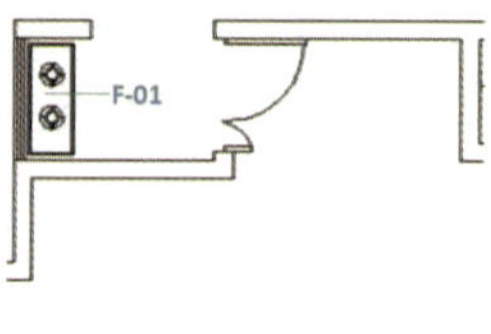

客厅整体软装陈设效果

客厅整体软装陈设效果

室内软装饰设计

餐厅整体软装陈设效果

主卧整体软装陈设效果

书房整体软装陈设效果

书房

衣帽间整体软装陈设效果

衣帽间

主卧卫生间整体软装陈设效果

主卫

女儿房整体软装陈设效果

女儿房

厨房整体软装陈设效果

厨房

次卫整体软装陈设效果

次卫

图1-8　新古典风格室内软装饰设计

设计训练

训练任务：客户沟通模拟。

训练目的：通过本次训练，让学生了解软装饰设计的流程，并能掌握一定的沟通技巧。

训练步骤：（1）分组。将全班学生分成5～6人/组的若干组，并选择角色。每一组中2～3人为甲方，其余人为乙方。

（2）准备。作为甲方的学生为自己设计合理的身份背景，并提供室内硬装环境；作为乙方的学生准备相关资料。

（3）双方协商（30 min ～1 h）。

① 甲方向乙方提出设计要求（至少5条），并列出表格。

② 乙方提出设计思路，并就具体的设计要求能否实现与甲方协商。

③ 双方最终达成一致意见。

（4）设计概念的提交。甲乙双方学生进行合作，提交设计概念，包括概念图片、概念草图、设计平面图等。

任务二 了解软装饰设计的风格

学习目标

1. 了解软装饰设计的主要风格。
2. 能根据设计风格将软装饰品进行归类整理。

教学方法

1. 讲授结合图片展示，通过对软装饰设计风格的分析与讲解，让学生了解不同风格软装饰品的特征和搭配方式，启发和引导学生的设计思维，提升学生的软装饰设计审美能力。
2. 以理论讲授为主，结合课堂启发式提问，调动学生积极思考，鼓励学生探究软装饰设计的美学规律。

学习要点

1. 了解软装饰设计的主要风格，并能根据设计风格整理软装饰品。
2. 能编辑不同风格的软装饰设计方案文本。

一、软装饰设计风格的含义

风格即风度品格，它体现着设计创作中的艺术特色和个性。软装饰设计风格是指软装饰陈设所营造出来的、特定的艺术特性和品格。它蕴含着人们对室内空间的使用要求和审美需求，展现着不同的历史文化内涵，改造了人们的生活方式，创新了生活理念，越来越受到人们的关注。

二、软装饰设计风格的分类

软装饰设计风格主要分为欧式古典风格、中式风格、现代简约风格和新地方主义风格四大类。

（一）欧式古典风格

欧式古典风格软装饰设计是以欧洲古代经典的建筑装饰设计为依托，将历史上已有的经典造型样式、装饰图案和室内陈设运用到住宅内部空间的装饰上，营造出精美、奢华、富丽堂皇的室内效果的软装饰设计风格。欧式经典造型样式包括古希腊的柱式、古罗马的拱券、壁炉和雕花石膏线条等。在造型设计上讲究对称手法，体现出庄重、大气、典雅的特点。

欧式古典风格软装饰设计的代表性装饰式样与室内陈设有：

（1）以巴洛克和洛可可为代表的欧式古典家具。欧式古典家具形体厚重，形式严谨舒展，尺寸宽大，雍容大气，典雅尊贵。家具骨架多以木制曲面对称构建而成，木板上用浮雕雕刻精美图案，边角则用金属件或铁皮加固，表面用油漆或镀金手法装饰。欧式家具的座位和靠背常用皮革制成，椅脚常做成动物的兽腿形式。

（2）极富动感和空间感的装饰壁画和油画，题材多为人物画、风景画和静物画。

（3）豪华、璀璨、晶莹剔透的水晶吊灯和镀金或铜质的台灯、壁灯。

（4）带有纹理的、精致的磨光大理石，并且往往使用装饰图案繁复的大理石地面拼花。

（5）比例精准、姿态优美的人物雕塑，以人物雕像和动物雕像为主要样式的灯座、烛台、器皿。

（6）以卷形草叶和漩涡形曲线为主的装饰墙布和墙纸。

（7）以金箔、宝石、水晶和青铜材料配合精美手工艺制成的工艺品和陈设品。

（8）多重皱的水波窗帘，带有精美纹样和装饰图案的手工编织地毯等。

（9）室内色彩以黄色、金色、金黄色、咖啡色等暖色系为主调。

精选作品欣赏

▲ 皮革材质展示出庄严奢华的气度，细部精致高雅的雕刻，是典型的欧洲古典风格

▲ 精致的大理石地面拼花与水晶灯相映生辉

▲ 壁炉、壁画、手工编织地毯带来浓浓的欧陆风情

▲ 以黄色、金色为主色调，雍容华贵又不失温暖

▲ 沉稳的色彩及厚重的质感凸显庄严气场

▲ 金色的多重皱水波窗帘彰示豪华气派

图1-9 欧洲古典风格室内软装饰

图1-10 新古典主义风格软装饰设计，兼容华贵典雅与现代时尚，结合古典浪漫主义情怀与现代生活需求

（二）中式风格

1. 中式古典

中式古典风格的软装饰设计以中国传统文化为基础，具有鲜明的民族特色。中式古典风格的

室内装饰以木材为主，家具和门窗也多采用木制品，室内布局匀称、均衡，井然有序，注重与周围环境的和谐、统一，体现出中国传统设计理念中崇尚自然、返璞归真、天人合一的思想。

图1-11　中式古典风格室内软装饰设计

中式风格的软装饰设计，从造型样式到装饰图案均表现出端庄的气度和儒雅的风采，其代表性装饰式样与室内陈设有：

（1）墙面的装饰物多用手工编织物（如刺绣、传统服饰等）、中国传统绘画（花鸟、人物、山水）、书法作品、对联等；地面铺手工编织地毯，图案常用连续、重复的“回”字纹，“万”字纹或者花、鸟、虫、鱼、龙、凤、龟等图形。

（2）家具以明清时期的代表家具为主，包括榻、条案、圈椅、官帽椅、太师椅、炕桌等，比例匀称，结构严谨，造型精致、优雅，线条细腻、柔美，精雕细琢，瑰丽奇巧，集艺术、养生和收藏为一体。材料充分利用木材天然的纹理，挖掘木材本身的自然美感。造型简洁、形式与功能高度结合。主要采用榫卯结构，其结构受空气湿度的影响较小，在跨度较大部件之间的连接处，常常镶以牙板、牙条、圈口、券口、矮老、霸王枨、罗锅枨、卡子花等，既美观，又增强了牢固性。

榫卯结构

（3）家具的靠垫、卧室的枕头和装饰台布常用锦、绸、缎、丝等做材料，表面用刺绣或印花图案做装饰。多以红、金黄和宝石蓝为主调，既热烈又含蓄、既浓艳又典雅。还可绣上“福”“禄”“寿”“喜”等字样，或者是龙凤呈祥之类的中国吉祥图案。

（4）室内灯饰常用木制造型灯或羊皮灯，结合中式传统木雕图案，灯光多用暖色调，营造出温馨、柔和的氛围。

（5）室内陈设品常用奇石、瓷器、陶器、景泰蓝、藤编、竹编、盆景、民间工艺品（如泥人、香包、金银器、中国结等），墙上悬挂书法或中国画。

（6）家具、字画和陈设的摆放多采用对称的形式和均衡的手法，这种格局是中国传统礼教精神的直接反映。

（7）中式风格的软装饰设计还常常巧妙地运用隐喻和借景的手法，努力创造一种安宁、和谐、含蓄而清雅的意境。

中式元素欣赏

图1-12　典型中式家具

2. 现代中式

随着社会经济的发展，人们对生活品质的要求越来越高——既追求古典、高雅的东方美，又希望享受现代舒适生活。在这种情况下，现代中式风格出现了。现代中式风格也被称为新中式风格，它吸取中式古典风格的“形”与“神”，对传统元素进行简化和提炼，并将其与现代元素进行混搭，创造出既彰显传统文化底蕴又具有现代温暖实用气息的室内家居氛围。

现代中式风格——燕家2号酒吧

◀ 具有中国传统神韵的元素与现代西方元素的组合与碰撞，展示出现代中式设计的独特魅力

▲ 古典韵味的诗书画卷展示出浓厚的文化底蕴

▲ 白色的沙发与黑色的官帽椅组合，使空间简洁大方又舒适怡人

◀ 玄关处采用玻璃这一典型现代元素，营造了空间的通透感，红色印花锦缎与绿植为此处沉稳的色调增加了一抹亮色，又极具中国古典特色

▶ 卧室床头背景是典型的古典窗格，窗前瓷瓶内横插几枝梅花，宛若一幅水墨画；大方、简洁的现代床品，床头昏黄的灯光则让人感到温暖闲适，仿佛置身于江南水乡，隐有暗香袭来

图1-13　现代中式软装饰设计

图1-14　汲取传统装饰的形与神，以现代审美打造出富有传统韵味的家居设计

客厅意向图 / DESIGN CONTENT

湖光山色13栋住宅楼C4户型室内设计策划项目

HU GUANG SHAN SE 1 3 DONG ZHU ZHAI LOU C 4 HU XING SHI NEI SHE JI CE HUA XIANG MU

餐厅意向图 / DESIGN CONTENT

湖光山色13栋住宅楼C4户型室内设计策划项目

HU GUANG SHAN SE 1 3 DONG ZHU ZHAI LOU C 4 HU XING SHI NEI SHE JI CE HUA XIANG MU

偏厅意向图 / DESIGN CONTENT

湖光山色13栋住宅楼C4户型室内设计策划项目

HU GUANG SHAN SE 1 3 DONG ZHU ZHAI LOU C 4 HU XING SHI NEI SHE JI CE HUA XIANG MU

茶艺室意向图 / DESIGN CONTENT

湖光山色13栋住宅楼C4户型室内设计策划项目

HU GUANG SHAN SE 1 3 DONG ZHU ZHAI LOU C 4 HU XING SHI NEI SHE JI CE HUA XIANG MU

图1-15　现代中式室内软装饰设计方案

（三）现代时尚创意风格

现代时尚创意风格“反对一切既有的规则”，设计毫无教条，反对约定俗成，提倡突破传统，创造革新，重视功能和空间组织，注重发挥结构本身的形式美，造型简洁，崇尚合理的构成工艺，崇尚不和谐和解构主义。这一风格尊重材料的特性，讲究材料自身的质地，强调设计与工业生产的联系；提倡技术与艺术相结合，把合乎目的性、合乎规律性作为艺术的标准，并延伸到空间设计中；主张设计为大众服务，讲究个性和独特的品位。

现代时尚创意风格的核心是采用简洁的形式达到低造价、低成本的目的，并营造出时尚、个性化、创意的空间氛围。现代时尚创意风格软装饰设计的特点主要体现在以下几个方面：

（1）重视装饰，色彩运用大胆、鲜明，强调室内空间形态和构件的单一性、抽象性，追求材料、技术和空间表现的精确度。常运用几何要素（如点、线、面、体块等）来对家具和室内陈设进行组合，从而让人感受到简洁明快的时代感和抽象的美感。主张流动空间的理念，空间之间自然过渡。

（2）喜欢不同风格家具与陈设的混搭，表现出新颖、奇巧的视觉体验。家具与灯饰崇尚流线型的设计意念，造型简洁，常运用仿生学的设计原理设计家具与陈设。

（3）室内常采用玻璃、浅色石材、不锈钢等光洁、明亮的材料。

（4）室内陈设品简单、抽象，往往采用较纯的色彩，形成一定的视觉聚焦。

精选作品欣赏

图1-16 不同颜色、深浅的条纹图案与现代简约的家具相组合，既时尚又大气；造型独特的灯具、镜面材质的墙面与桌椅，营造出极具个性的现代家居风格

图1-17　以橙色、米色、金色作为主要色调，使空间活泼生动、热情洋溢；运用几何要素构建空间，简单大方、充满活力，现代感十足

图1-18　空间简洁明快、色彩和谐统一，不同风格家居与陈设的混搭、极具艺术感的饰品运用，展示出良好的艺术品位

（四）新地方主义风格

新地方主义风格是指在软装饰设计中强调地方特色和民俗风格，提倡因地制宜的乡土味和民族化的风格形式。这一风格倡导回归自然的设计手法，推崇自然与现代相结合的设计理念，装饰多采用具有当地特色的自然材料，色彩多为纯正天然的色彩，如矿物质的颜色；材料的质地较粗，并有明显的肌理纹路；强调自然光的引进，整体空间效果呈现出清新、淡雅的氛围。

新地方主义风格软装饰设计的代表性装饰式样与室内陈设有：

（1）由于地域的差异，没有严格的一成不变的规则和模式，自由度较大，以反映某个地区的艺术特色和民间工艺水平的陈设品为主。

（2）设计中尽量使用地方材料和做法，如保持自然纹理和木本色的家具、古朴的铁艺灯饰、藤编的工艺品、草编的地毯、印花的织物等，以营造出地方特色。

（3）注重与当地环境和风土人情的融合，从地方传统中汲取营养。

1．东南亚风格

东南亚风格是指室内设计中糅合印度、泰国等东南亚热带国家的经典元素，使室内呈现浓烈的自然气息和独特的民族风情的设计风格。

东南亚设计风格的最大特点是取材自然，将木、藤、麻、竹等天然材料广泛应用于室内装饰中，力求营造出热情、质朴的热带风情。在色彩上多以木质材料的原色为主，局部点缀艳丽、鲜明的色彩，如红色、紫色、绿色和黄色等。在家具选择上，往往选择两种及以上天然材料，使用编织等工艺，表现其独特的色彩和纹理。东南亚风格注重布艺设计和陈设品设计，多悬挂各种布艺帷帐，陈设带有浓重民族风情的佛像、面具、木雕、工艺品和明亮的常绿植物等，展示出神秘而浪漫的风情。

图1-19　新地方主义风格——东南亚风格软装饰设计

2. 地中海风格

地中海风格主要指欧洲地中海北岸一些国家、南部沿海地区及非洲部分地区的住宅风格，是一种融合了拜占庭、罗马、希腊、非洲等多种艺术形式的室内装饰风格。

从造型上来说，地中海风格曲线造型多，大量的拱门与半拱门、马蹄状的门窗、回廊与露台穿插交织，营造视觉的延伸；从色彩上来说，大地、海洋色调，如红椒色、姜根色、橘黄、沙黄、褐红、湛蓝、普鲁士蓝、鸭蛋青、黄铜等饱和度较高的色彩应用较多，冲突性强的颜色搭配较多；从材质上来看，地中海风格大量运用石头、木材及充满肌理感的墙壁等材质令人感受自然的气息。在家具选择上，常用充满自然感的木质家具，并用贝壳、大理石等作为装饰；在灯具选择上往往使用铜艺灯具、铁艺灯具和藤编灯具；帘、地毯、靠垫、台布等多选用条纹、格子和低彩度的纯色棉麻制品。

拓展阅读

常见的地中海风格元素

金属制品：黄铜或银质的托盘、茶具、水壶、灯具、黑色或古铜色的铁艺床架和装饰、雕花门锁等。

木制品：大部分的家具、厨具、木柄银质的糖锤、小物件、装饰木雕等。

纺织品：纯棉、亚麻、羊毛、丝绸等纯天然织物，色调丰富的靠垫，色泽淡雅的床品和窗帘等。

陶艺、马赛克、摩洛哥风格浓郁的装饰品也是地中海常用的元素。

图1-20　各种深深浅浅的蓝色、造型别致的铁艺灯具、条纹棉麻制品，营造出典型的地中海风格

图1-21　将海洋元素大量运用到设计中：拱门装饰，以蓝、白、黄为主色调，选用自然的原木、天然的石材等，营造出自然浪漫的地中海风格

图1-22　以清新的蓝白二色为主色调，善用曲线，木制家具、铁艺灯具等带来自然的气息

3. 美式风格

美式风格强调开放、自由、舒适，摒弃繁琐和奢华，注重回归自然，表现出历史感与厚重感。色调以自然色调为主，意在烘托舒适、温暖的家庭氛围；一般选择体积厚重的家具，或采用做旧工艺，营造沧桑感，在沙发的材料上，往往选择布艺或皮质，强调它的舒适度；布艺以本色棉麻或者印花面料为主，纹样多采用简单抽象的二方连续或四方连续样式；陈设品往往古朴厚重、充满怀旧感，如壁炉、木雕酒柜、铁艺灯具、百叶窗、油画等。

▲ 木制家具与布艺沙发的结合，展示出悠闲与舒适的自然情趣；温暖的灯光、舒适的扶手椅、微黄的壁纸使人能够想到家人围坐在客厅的温馨时光，这也是美式风格最动人的魅力

图1-23　美式风格室内软装饰设计

4．日式风格

日式风格亦称为和式风格，讲究淡雅宁静、充满禅意，多采用木质结构，门窗宽大通风，内多活动拉门，不尚装饰，简约自然。

日式家具以榻榻米、矮凳、矮桌和暖炉台为代表，非常注重材料的质感；在陈设品选择上，充满禅意的小物件、造型简洁的生活用品较为常见。

图1-24　低矮的家具，明亮的窗户，自然淡雅

图1-25　推拉移门、榻榻米营造出典型的日式风格

5．北欧风格

北欧风格，是指欧洲北部国家挪威、丹麦、瑞典、芬兰及冰岛等国的室内设计风格。北欧风

格以简洁著称于世，室内设计简洁、直接、功能化且贴近自然，深受现代人喜爱。

在色彩上，北欧风格多使用纯色，室内柔软、清新、明亮；家具材质一般选择木材原有的颜色和质感，并常使用玻璃、铁艺、石材等进行装饰；在布艺选择上，常选用棉麻等天然材料，图案以抽象几何图案为主；陈设品可采用森林图案的靠垫、画框和装饰品等。

◀ 以黑白灰三色为主，整个空间简洁、明亮；家具直接、自然，不采用任何雕花、纹饰，使整个客厅看起来干净利落、简单大方

▲ 树枝状的灯饰、原木桌椅都展现了朴素的原始之美

▲ 室内空间以黑白两色为主，弥漫着宁静的北欧风情

图1-26　北欧风格室内软装饰设计

设计训练

训练任务：软装饰设计风格知识竞答。

训练目的：通过本次训练，让学生了解软装饰设计的风格，掌握不同风格的软装饰设计的特征，熟悉不同风格软装饰设计的代表元素。

训练步骤：（1）准备题目。教师提前准备好若干与软装饰设计相关的题目（可包括文字题与图片题目）。

（2）分组。首先，教师选出4名同学作为助手，其中1名同学帮助教师主持竞答赛，另外3名同学作为记分员；然后，将全班同学分为三组进行知识竞答。

（3）知识竞答。由教师出题，三组同学进行抢答。获得答题权的小组若答对则加1分，答错或不答则要扣掉1分。

任务三 掌握软装饰搭配的方式

学习目标

1. 了解软装饰搭配的方法。
2. 能根据不同空间的要求布置软装饰品。

教学方法

1. 通过案例分析，对软装饰搭配方法进行分类讲解，让学生了解软装饰搭配的方式，启发和引导学生的创新思维。
2. 理论结合实际，采用启发式提问结合设计作品的分析与点评的教学方式，培养学生的实践动手能力。

学习要点

1. 了解软装饰搭配的方式，并能合理布置软装饰品。
2. 能依据软装饰搭配方式编辑软装饰设计方案文本。

软装饰搭配是指将软装饰陈设品合理地布置在空间范围内，并表现出一定的形式美感和艺术品位。软装饰搭配主要有以下方式。

一、均衡式

在中式古典风格和欧式古典风格空间软装饰搭配中，此种表达方式最多，其中对称是最主要的形式，其次是左右的均衡处理，以打破对称表达过于呆板的印象。

▲ 对称均衡端庄、大方

▲ 高且轻的置物架与低矮厚重的花盆构成左右均衡，生动活泼

图1-27　对称均衡与左右均衡

二、写实情景式

写实情景式即用写实的手法营造一个易使人共鸣的场景，如历史上某个时期的经典场景，或者电影、小说、绘画描写的某个场景，通过还原历史场景使人产生美好的联想，以达到怀旧、复古的目的。

图1-28　曲线柔美的座椅、清新淡雅的色调、华丽璀璨的水晶灯，使人仿佛置身于浪漫的法式庄园

三、借鉴式

借鉴式指的是把其他行业或领域的典型特征巧妙地运用到软装饰的设计与搭配中，营造出行业或职业的空间认同感。

图1-29　将粗犷的管道、阀门、旧机器用于室内陈设，突出对大工业时代的怀念之情

四、主题统一式

以特定的主题作为室内软装饰布置的基调，选择与主题相关的软装饰陈设品布置空间，易打造统一、协调的室内氛围。这些特定的主题可以是音乐、美术、运动、卡通、电影等。

图1-30　软装饰设计围绕特定的主题开展

五、情趣、兴趣表达式

生活的情趣和兴趣是创新的驱动力，在室内软装饰设计中，营造有情趣的空间，激发人的兴趣，还可以增强空间的认同感。例如，儿童书房和卧室的设计可以通过布置符合儿童年龄阶段的软装饰陈设品，启发儿童的智力，激发儿童的潜能。

图1-31　树状的灯饰、绿色的基调打造儿童的森林小屋

图1-32　小帐篷、彩旗、木马等营造出充满童趣的空间

六、点睛之笔式

点睛之笔式是通过在室内空间的中心或焦点处布置重点软装饰陈设，达到突出重点、强化主题、层次分明的软装饰搭配方法。

图1-33　营造视觉焦点，强化主题

七、材质变化式

材质变化式即在室内设计中将不同材料的纹理和质感变化表现出来，以丰富质感层次，营造高雅品位。在室内空间软装饰设计中，材质的表达非常重要，造型一致但材质不同，其空间的视觉效果就会大有不同。不同质感的材料搭配合理，可以极大地丰富空间的装饰美感，并可以营造出特定的空间氛围。

图1-34　原木本身的纹理与植物、布艺沙发、铁艺灯饰、淡黄色地砖等不同材质配合，展示出自然而简约的空间氛围

八、点线面布局式

在室内空间软装饰设计中最常用的布局方式就是点线面布局式，即将点的细小与线的长度和面的宽度有机地结合起来，形成富有节奏感和韵律感的室内空间形象，强化室内的形式美感。

图1-35　斑驳的混凝土、裸露的管线、硬朗的黑色调、简单的点线面设计让室内弥漫着酷炫的工业风；黄铜质感的造型吊灯，营造出华丽、优雅的气息

九、画里画外式

画里画外式即在室内空间软装饰设计与搭配中将前景的图案和背景的图案呼应起来，形成前后景的延伸，这种搭配方式非常巧妙，画里画外遥相呼应，极富情趣。

图1-36 笼中花鸟、墙上花鸟，搬一把旧摇椅，听时光的故事

图1-37 瓶中花、墙上花、灯亦是花，画里画外，皆是春景

十、动静结合式

动静结合式即在室内软装饰设计中将具有动态特征的装饰元素与具有静态特征的装饰元素有机地结合起来，形成既统一又变化的空间效果的搭配方式。这种搭配方式可以让空间更加轻盈、灵动。

十一、堆砌式

堆砌式即通过相同元素量的累加和堆砌，达到丰富而有感染力的搭配方式。使用这种搭配方式时应注意在堆砌时讲究原则和秩序，避免杂乱无章。

图1-38 流动的线条，质感轻盈的吊灯与沉稳、规整的家具动静结合，整个空间大气、简洁又不失灵动

图1-39 相同元素进行堆砌，营造出或庄重或肃穆或规整的空间氛围

十二、阵列式

阵列式即将相同元素重复排列，形成规整的阵列的搭配方式。这种搭配方式可以强化视觉效果，突出空间的秩序感。

图1-40　相同元素进行阵列，展示出餐厅的整洁、有序

十三、单色调式

单色调式即将室内软装饰陈设按照同一种色调统一起来的搭配方式。这种搭配方式可以强化视觉的同一性，形成高度协调的空间效果。

图1-41　以绿色为主色调，营造清新的室内氛围

图1-42　以黄色为主色调，营造温暖的室内氛围

十四、镜面活用式

镜面活用式即利用镜子的反射功能扩大空间效果，有效增加室内径深。善于利用镜面效果，

可营造不同的氛围。

▲ 利用镜面反射，营造如梦似幻般的意境

▲ 镜面效果的电视背景墙，十分具有现代感，也能够很好地加深室内的纵深视觉感

图1-43　镜面活用式软装饰设计

十五、化整为散式

化整为散式即将整体的造型分解为零散的元素的搭配方式，这种搭配方式可以使空间的细节更加丰富。

图1-44　挂画化整为散，使空间更加活泼和灵动

十六、隐喻表达式

隐喻表达式即通过陈设品隐含的寓意来表达软装饰的内在含义，这种搭配方式可以丰富软装饰的内涵，传达文化理念，更好地表达出设计意图。

图1-45　滨海度假酒店客房设计：将“水”之印象融于床头壁画、地毯纹理、落地窗设计，尽显滨海之城的独特魅力

十七、若隐若现式

若隐若现式即利用局部隔断或遮挡，通过对空间虚实关系的处理来搭配软装饰陈设的方式。这种搭配方式可以较好地表现出室内软装饰的层次感和主次关系，并创造一定的空间意境。

图1-46　餐厅使用若隐若现的隔断，既增加了一定的私密性，又增加了空间层次感

十八、手绘表达式

手绘表达式即利用手绘绘画的方式来美化室内空间。这种方式可以较好地表现出手工绘图的特殊美感，也有很好的装饰作用。

图1-47　大幅墙面手绘增加了空间的艺术感与趣味性

十九、旧物利用式

旧物利用式即将平时不用的废旧物品，经过艺术加工和组合，转变成别具特色的艺术陈设品的方式。这种方式可以较好地营造出空间的怀旧情调，且极富生活情趣。

图1-48　将原木打磨为座椅，既古朴又有趣

图1-49　厨具或制作成壁画或直接挂上墙面，生动有趣

二十、倾斜式

倾斜式即运用倾斜的手法来处理造型和软装饰陈设的方式。倾斜式可以突破一般陈设规律，显得新颖、独特。

图1-50　倾斜的装饰设计活泼而灵动，展示出餐厅的热情与独特

二十一、灯光表达式

灯光表达式即运用灯光照射的手法来处理造型和软装饰陈设的方式。在商业环境中，硬装和软装都对灯光有很高的要求，特别是一些酒吧、咖啡厅、餐厅等，此类空间中摆设的软装物品不能只考虑造型和色彩，而要结合夜间营业制造相应的灯光效果，烘托气氛。

图1-51　巧妙运用灯光的艺术效果，烘托不同的气氛

二十二、借景表达式

借景表达式即运用借景的手法来处理造型和软装饰陈设的方式。借景手法可以在原有摆设基础上借助其他独特的陈设，形成新的亮点。

图1-52　直接借景：借远山入画

图1-53　间接借景：映射在石墙上的光影，借吊灯之璀璨，如繁星点点

设计训练

训练任务：探讨室内软装饰设计搭配的方式。

训练目的：通过本次训练，让学生了解软装饰设计搭配的方式，能够结合具体的软装饰案例分析其搭配方式，提高审美能力及分析能力。

训练步骤：（1）分组。每3人一组，确定1名组长。

（2）搜集资料。各组分别从网络、图书馆等途径进行搜集知名的软装饰设计案例。

（3）讨论分析。各组长组织本组成员将搜集到的资料进行汇总、整理，对该按理中体现出的软装饰搭配手法进行讨论分析，并做好相关记录。

（4）展示讲解。将讨论的相关资料进行整理，制作成精美的PPT，在课堂上进行展示讲解。

任务四 了解不同生活方式与软装饰设计

学习目标

1. 了解不同国家的生活方式。
2. 能根据不同国家的生活方式布置软装饰品。

教学方法

1. 理论讲授结合案例分析，通过对不同国家软装饰设计与搭配的礼仪的分析与讲解，让学生了解不同国家软装饰设计与搭配的应用方式，启发和引导学生的设计思维，提升学生的软装饰设计搭配能力。
2. 以理论讲授为主，适当穿插角色扮演、小组互动等实践教学环节，调动学生的学习积极性和课堂参与感，提升学生的实践操作技能。

学习要点

1. 了解不同国家的生活方式，并能根据这些生活方式合理布置软装饰品。
2. 能编辑符合不同国家生活方式的软装饰设计方案文本。

全球化的现代社会，人们的生活方式也越发“世界性”，对室内软装饰设计师来说，生活是灵感的源泉，了解不同的生活方式，才能做出真正打动人心的设计。

一、英式生活方式与软装饰设计

英国是绅士之国，讲究文明礼貌，注重修养，同时也要求别人有礼貌。英国人注重衣着打扮，什么场合穿什么服饰都有一定的惯例。透过英国人的历史文化背景、民族特征、社交礼仪及社会风尚等因素，可以从深层认识和了解英国人的生活方式。

（一）就餐文化

1. 文化概述

就餐时，英国人喜欢用餐桌礼仪规范来显现自己的风度和礼貌。一般来说宴会的座位是由主人排定的，距离主人较近的客人都是与其关系较好者。入座时，由座位左方开始就坐，男士应协助女士入座后才可入座。在用餐时，如有女士暂离座位，所有男士应起身目送其离去后方可坐下。

2. 设计运用

英式餐具的摆设遵守“不过三”的原则，即餐盘左右两侧不同时摆超过三套同性质的餐具，超过三套时，用完收走后再补充，而不是一次全部摆上去。餐具是照其上菜的顺序而排，先由内向外取用，最先上的菜摆在最外面，越里面的餐具代表其对应餐点送上的次序越靠后。用餐时，应右手拿刀，左手拿叉。使用时叉齿朝下，以拇指与中指握住刀叉柄，食指下压控制力道。使用刀子切食物时，要先将刀子轻轻往前推，再用力来回同时向下切，这样就不会发出刺耳声音了。食物切除适合的大小后，用叉子将食物送入口中。享受食物时，最基本也是最重要的礼仪，就是咀嚼时千万不可发出声音，那是非常不雅与不礼貌的。

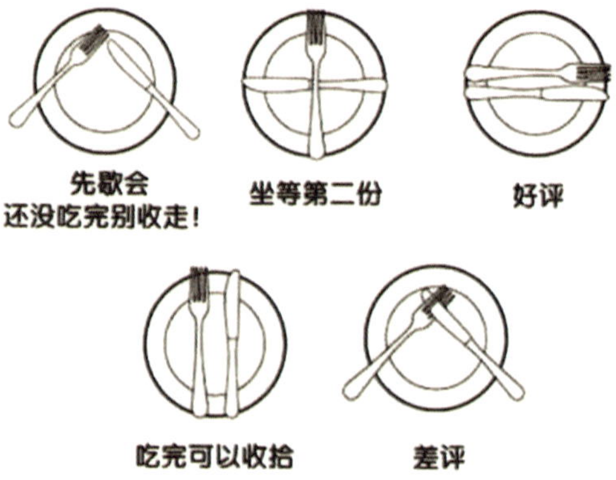

图1-54　英式餐具摆放礼仪

（二）下午茶文化

1. 文化概述

英式下午茶，最早是因为英国上流社会因为难耐漫长又饥饿的午后时光，不得不增加一餐茶饮小食，渐渐地，随着茶叶的普及，下午茶风靡英伦三岛，最终成为英国的一大文化印记。在国内，英式下午茶也渐渐成了人们享受午后时光的一大选择。

英式下午茶

英式下午茶最正统时间是下午4点钟，通常由女主人着正式服装亲自为客人服务，以表示对来宾的尊重。在维多利亚时代，男士穿燕尾服，女士则着长袍。即使是现在，正式的下午茶男性仍着燕尾服，戴礼帽，手持雨伞；女性穿白色洋装，并且一定要戴帽子。

英式三层塔点心是高端下午茶的标配，从下往上、从咸到甜，放满了英式茶点。一般来讲，底层是清新开胃的微咸三明治，中间是温热酥松的司康配草莓果酱与凝脂奶油，顶层是精致的小甜点。下午茶，常常会以大吉岭、祁门等高端红茶做底，再配少许的绿茶、乌龙茶、矢车菊或玫瑰花瓣等，有时还会加少许佛手柑精油，增添清新感。

2. 设计运用

要享受优雅的下午茶时光，是非常讲究泡茶的器具的。下午茶最重要的工具——瓷器茶壶分两人壶、四人壶和六人壶，视招待客人的数量来选择。其他器具还包括滤匙及放过滤器的小碟子、杯具组、糖罐、奶盅、三层点心盘、茶匙（茶匙正确的摆法是与杯子呈45°）、个人点心盘、茶刀（涂奶油及果酱用）、吃蛋糕的叉子、放茶渣的碗、餐巾、鲜花、保温罩、木头托盘（端茶品用）等。

图1-55　英式下午茶

二、法式生活方式与软装饰设计

（一）葡萄酒文化

1．文化概述

在法国，葡萄酒文化是一种有着丰富内涵的特殊文化，已经成为法国人生活的重要组成部分。他们习惯于饭前用开胃酒疏通肠胃，饭后用烈性酒消食。

2．设计运用

家庭酒窖可以提供储藏珍贵葡萄酒的场所，使为亲朋好友举办一场品酒会成为可能。

图1-56　酒窖

（1）理想酒窖的必备条件

★ **温度**：温度是葡萄酒储存的最重要因素，其味道和香气都要在适当的温度中才能最好地挥发。酒窖温度应控制在8～18℃。低于8℃，葡萄酒将进入休眠状态，大大减弱了它成熟的历程。高于18℃，葡萄酒会快速成熟，在短期内失去靓丽的颜色、清新的味道与丰富的香气。温度的急剧变化会对葡萄酒造成极大的损害，故温度恒定是酒窖设计的关键。

★ **湿度**：酒窖的相对湿度要求控制在65%～80%，湿度的影响主要作用于软木塞。湿度过高易使葡萄酒的商标腐烂脱落，使酒塞发霉变质。湿度过低则会使酒塞干裂，影响橡木塞的密闭性，导致葡萄酒变质腐败。

★ **光照**：因为葡萄酒中的单宁遇紫外线迅速氧化，会不可逆转地降低葡萄酒的品质，因此酒窖内须尽量避免光亮过强或者热度过高的照明设施、紫外线等辐射光源，多采用冷光源或低功率白炽灯。

★ **通风**：在酒窖设计中，良好的通风条件也是非常必要的。通风换气的目的在于保持酒窖中清新的空气，以免酒精挥发过多而使空气不流畅，并且易形成易燃气体聚集。

★ **震动：**震动干扰也容易造成酒品的早熟，如临近铁道或震源较近的酒窖，酒的品质常常因此而下降变劣。因此，若非必要，葡萄酒不要轻易移动。

（2）酒窖的选址

由于地下酒窖在恒温、避光、防震等方面具有得天独厚的条件，传统的酒窖往往在地下，并且要求越深越好。得益于现代先进的技术条件，酒窖并不一定要设在地下。对于设在地面上的酒窖的位置选择，主要考虑不同地点的维护费用。一般选取室内最凉爽、湿度最好的地方，并采取一定的保护措施，以使酒品贮存的安全得到保障。

（3）酒窖的内部设施

★ **酒架：**根据存放葡萄酒的数量、酒瓶规格，可以选用不同的材质，订做满足预期风格和预算的酒架。材质包括木制、钢制或砖砌等，规模和风格尽量与酒窖整体风格一致。

★ **梯子：**用于存货和取货。

★ **推车：**用于搬运货物。

★ **品酒桌：**用于品酒。

3．酒具知识

功能齐全的酒具是品尝好酒不可或缺的工具，酒具的精致程度能彰显出主人的生活品位和态度。拥有醒酒器、酒杯、酒刀、酒鼻子、酒钥匙等一套精美的酒具是品酒必需的。

（1）酒鼻子

葡萄酒含有各种各样的香气，如桃子香、梨子香等，初学者很难分辨，通常要借助酒鼻子来体会。酒鼻子是顶级的品酒工具，是葡萄酒香气的标本。酒鼻子复制了世界各地红、白葡萄酒及香槟酒、橡木桶陈酿的葡萄酒所能够呈现出来的所有典型香气。红酒爱好者只需要将这些香气记忆在大脑中，品酒的时候就可以识别出酒中的香气了。

图1-57　酒鼻子

（2）酒钥匙

酒钥匙是品酒工具的一种，可以使人立即了解到葡萄酒的陈年能力和发展潜力。想知道正在喝的葡萄酒1年、2年甚至数年以后的味道，只需要将酒钥匙与酒接触一秒钟，即可展示出该酒一年之后的味道，接触两秒钟就是两年后的味道。

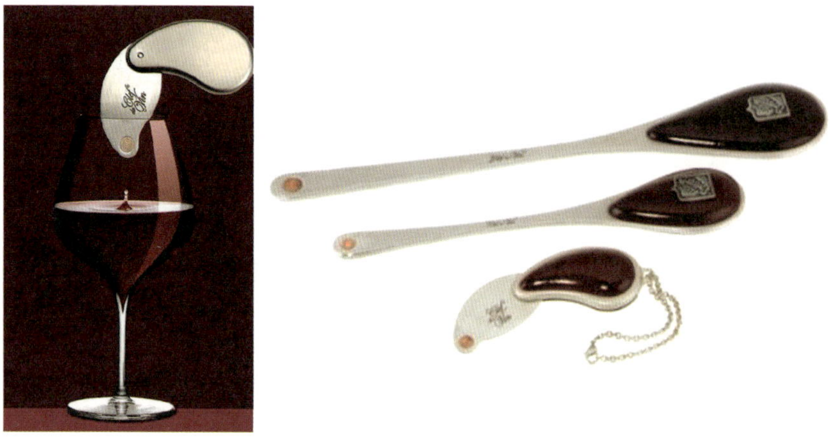

图1-58　酒钥匙

（3）醒酒器

醒酒器又称调酒器，主要功能是去除酒中沉淀，让葡萄酒与空气接触一定时间，氧化一下，使酒的香气更加香甜。常见的醒酒器是经典的水滴形结构，上窄下宽，红酒倒入瓶中大约1/5的高度，这样能使酒面与空气的接触面积达到极大。

（4）酒刀

酒刀是一种小巧的开瓶器。用它开酒时，先用锯齿形折刀把封帽切下，将螺丝锥旋入木塞，借助旁边的杠杆把木塞拉出。

（5）酒杯

酒杯造型呈现两头大中间细长的特点，上部的杯身外形为对称的圆弧形，中间的杯臂细长，杯子底座为圆形。葡萄酒每次只需要倒在杯子里1/2或1/3，这样可以欣赏酒液在杯中摇曳的美感，也可以使红酒与空气进行更全面的接触。

图1-59　醒酒器

图1-60　酒刀

图1-61　酒杯

（二）香水文化

1．文化概述

法国是世界上最大的香水生产国，他们对香水的讲究已经达到了无与伦比的地步。当人们劳累一天回到家里，点上香熏，沉浸在充满香气的热水里，空气中弥漫着自己喜欢的香味，那种放松和惬意在不经意中变成了实实在在的生活享受。香水是法式室内软装饰设计中必不可少的辅助要素，能展示出空间浪漫、温馨的内在品位。

香水的选用也很讲究，每种香水都有其内涵和审美效果。选用香水要考虑使用场合、对象、季节、时间、服饰、个人年龄、身体状况等因素，要做到个人与他人相宜、场合时间相宜、浓淡相宜等。也可以说，选用香水是对选用者文化素质和个人修养的测定。

2．设计运用

嗅觉是人类最基本的感觉之一，它和色彩、音乐一样，直接影响着人们的情绪和心态。木香舒缓心灵，花香激发智慧，果香增添活力，檀香抚慰情绪，每个人都会根据自身的文化和经历来解读芳香语汇。嗅觉与情绪之间的密切关联让人类更加重视在室内空间设计中香气的使用，将其也视为实现装饰功能、塑造美好心情的关键。

香气在室内各空间的运用主要以植物和香薰为主。在植物的选择上，应根据室内空间的功能选择不同色彩、形态和习性的植物，如厕所、厨房、玄关这类半阴潮湿的地方，适合放置蕨类植物；卧室宜选择简洁、淡雅的花材，且花香不能太浓烈。

图1-62　植物为室内带来清新的空气

三、中式生活方式与软装饰设计

1．文化概述

中式生活方式集中表现在茶文化上，中国的茶文化源远流长，博大精深，其形成和发展历史非常悠久。先秦《诗经》总集里就有关于茶的记载；汉朝茶叶已经成为佛教“坐禅”的专用滋补品；唐朝茶业昌盛，出现了茶馆、茶宴和茶会，提倡客来敬茶；清朝曲艺进入茶馆，茶叶对外贸易发展迅速，茶叶运到欧洲，也成为欧洲贵族的专用饮料。

中国茶文化注重文化意识形态，以雅为主，融合了儒家、道家和释家的哲学思想，并逐渐演变为各民族的礼俗，成为优秀传统文化的组成部分和独具特色的一种文化形式。中国人饮茶，注重一个“品”字。“品茶”不仅鉴别茶的优劣，也带有神思遐想和领略饮茶情趣之意。品茶的环境一般由建筑物、园林、摆设及茶具组成，要求安静、清新、舒适、干净。小憩于此，意趣之盎然。

2. 设计运用

饮茶的主要场所是茶室，中式茶室的设计多以自然休闲为主，利用原木、实木或者石材，讲究材质的自然天成。茶室的布置必须与茶相关，既要考虑到美观、大方，有舒适感，又要充分展现审美情趣和艺术氛围，满足品茶者的心理追求。中式茶室设计中一般分成四大类型，即自然型、文化型、民族地域型和仿古型。

（1）自然型

重在渲染自然美，在茶室内悬挂花草、藤蔓，家具多选用竹、木、藤、草、石等自然材料，使人仿若置身山乡农舍、田野旷原、渔村海边，有回归到大自然的感受。

（2）文化型

这种类型的茶室四壁常以名家书画作品或艺术雕塑来装饰，茶室内摆放与茶相关的工艺品，桌椅、茶具等要从功能与艺术两方面加以选择。在茶室的布局上应主次得当、简洁明了、高低错落、层次分明。

（3）民族地域型

每个民族都有自己的民族文化和饮茶风情，如蒙古族的帐篷、地毯和咸奶茶；富有江南情调的中堂品茶室；具巴蜀特色的木桌、竹椅和“三件套”的盖碗茶等，都会给品茶者带来一种浓郁的民族特色。

（4）仿古型

仿古式茶艺馆在装修、室内装饰、布局、人物服饰、语言、动作、茶艺表演等方面，都以某种古代传统为蓝本，对传统文化进行挖掘、整理，并结合茶艺的内在要求重新进行现代演绎，力求展示出古典文化的神韵。各种各样的宫廷式茶楼、禅茶馆等，就是典型的仿古式茶艺馆。

中式茶室室内软装饰设计

设计训练

训练任务：室内软装饰设计调查。

训练目的：通过本次训练，让学生了解软装饰设计的市场情况，以及不同阶层的人们对软装饰设计的需求。

训练步骤：（1）分组。全班分为A、B、C三组，分别对室内软装饰市场（A组）、软装饰企业（B组）和不同阶层的人们（C组）进行调查。

（2）搜集资料。

① A组确定要调查的主要软装饰市场，并尽可能详尽地了解调查对象的规模、经营理念、商品种类、特点及受众群体。

② B组确定要调查的本地区知名软装饰企业，并尽可能详尽地了解企业名称、主要业务范围、经营理念、主要项目与客户等。

③ C组调查不同阶层的人们对软装饰设计的看法，包括设计调查问卷、确定调查范围和调查方式等，调查问卷要能反映不同阶层的人群对软装饰设计风格、不同生活方式的偏好，以及对室内软装饰设计的要求等。

（3）调查的开展。各组选择合适的时间进行调查。

（4）调查汇报。各组整理资料，每组选1名汇报人，采用PPT形式进行汇报。

项目二

PROJECT TWO

家具的设计运用

JIAJU DE SHEJI YUNYONG

学习目标

1. 了解家具的基本概念、分类和主要风格样式。
2. 掌握家具搭配技巧。
3. 熟悉家具的设计技巧。

教学方法

1. 理论讲授结合图片分析，通过大量家具图片的展示与分析，让学生直观地感受家具的样式和设计技巧，提升学生的家具设计能力。
2. 在深入了解家具的风格和样式之后，通过案例分析法、课堂练习法，使学生掌握家具的搭配技巧。
3. 采用案例分析法、课堂练习法和头脑风暴法等教学方式，调动学生积极参与练习，提高学生的家具设计表现能力。

学习要点

1. 了解不同风格家具的造型和美学特征。
2. 搭配家具时能兼顾实际需求与美观要求。
3. 能动手设计家具。

任务一 了解家具的种类与风格

学习目标

1. 了解家具的基本概念和分类，能欣赏经典家具的美。
2. 了解家具的主要风格样式，熟悉不同风格家具的代表样式。

教学方法

1. 通过大量家具图片的展示与分析，提升学生的家具设计能力和审美能力。
2. 案例分析与课堂互动相结合的教学方式，调动学生积极思考与实践，提高学生的家具设计能力。

学习要点

1. 了解不同风格家具的造型特征。
2. 掌握家具的美学要素。

家具是指在生活、工作和社会活动中供人们坐、卧、支撑和存储物品用的设备和器具。家具起源于人的生活需求，是人类几千年文化的结晶。人类经过漫长的实践，使家具不断更新、演变，在材料、工艺、结构、造型、色彩和风格上不断完善，使家具成为人类生活中不可或缺的一部分。形形色色、变化万千的家具为软装饰设计师提供了更多的设计灵感和素材。

一、家具的分类

（一）按使用功能分

家具按使用功能可分为支撑类家具、凭倚类家具、储藏类家具和装饰类家具。

★ **支撑类家具：**指各种坐具、卧具，如凳、椅、床等。

★ **凭倚类家具：**指各种带有操作台面的家具，如桌、台、几等。

★ **储藏类家具：**指各种有储存或展示功能的家具，如箱柜、橱架等。

★ **装饰类家具：**指陈设装饰品的开敞式柜类或架类的家具，如博古架、隔断等。

课堂互动

想一想，下图中的家具，分别属于上述类型的哪一种？

图2-1　某家具展厅

（二）按结构特征分类

★ **框式家具：**以榫接合为主要特点，木方通过榫接合构成承重框架，围合的板件附设于框架之上，一般一次性装配而成，不便拆装。

★ **板式家具：**以人造板构成板式部件，用连接件将板式部件接合装配，有可拆和不可拆之分。

★ **拆装式家具：**用各种连接件或插接结构组装而成的可以反复拆装的家具。

★ **折叠家具：**能够折动使用并能叠放的家具，便于携带、存放和运输。

★ **曲木家具：**以实木弯曲或多层单板胶合弯曲而制成的家具。具有造型别致、轻巧、美观的优点。

★ **壳体家具：**指整体或零件利用塑料或玻璃一次模压、浇铸成型的家具。具有结构轻巧、形体新奇和新颖时尚的特点。

★ **自然式家具：**以自然形态的树根、树枝、藤条等天然材料为原料，略加雕琢后经胶合、钉接、修整而成的家具。

▲ 框式家具

▲ 板式家具

▲ 壳体家具

▲ 曲木家具

▲ 树根家具

图2-2　不同结构的家具

（三）按制作家具的材料分类

★ **木质家具：**主要由实木与各种木质复合材料（如胶合板、纤维板、刨花板和细木工板等）所构成。

★ **塑料家具：**整体或主要部件用塑料包括发泡塑料加工而成的家具。

★ **竹藤家具：**以竹条或藤条编制部件构成的家具。

★ **金属家具：**以金属管材、线材或板材为基材生产的家具。

★ **玻璃家具：**以玻璃为主要构件的家具。

★ **皮质家具：**以各种皮革为主要面料的家具。

家具图集

▲ 木质家具

▲ 塑料家具

▲ 竹藤家具

▲ 金属家具

▲ 玻璃家具

▲ 皮质家具

图2-3　不同材料的家具

二、家具的风格

（一）西方古典家具

1. 古代家具

这一时期在约公元前3200年至公元4世纪，主要表现为古埃及家具、古希腊家具和古罗马家具。这一时期的家具是后来欧洲家具设计的基础。

（1）古埃及家具

古埃及的家具同其文明一样，已发展到较高的水平，品类已经基本齐全，出现了椅子、桌子、躺椅和床等家具。古埃及家具以对称为原则，比例合理，表现出庄严、华贵的气势，装饰手法丰富，常采用朝同一方向的动物腿形作为家具腿部造型，如狮爪、牛蹄等。

◀ 靠背上的贴金浮雕展示了主人生前生活的场景，即王后正在给坐在王座上的国王涂抹圣油。整个场景构图严谨，雕刻精细，人物的服饰都是用彩色陶片和翠石镶嵌而成，展现了当时埃及人的高超技艺

◀ 图坦哈蒙王座是古埃及雕刻装饰最精致的家具之一，距今已有3300多年历史。其两侧扶手为狮首，椅腿为兽爪，雕刻精美，令人惊叹

图2-4　古埃及家具——图坦哈蒙王座

（2）古希腊家具

古希腊家具的造型更多地体现了古希腊人自由民主的生活方式，他们重视家具的形式美，强调优美的线条、适宜的比例和简洁的形体。其典雅优美的艺术风格与古埃及家具庄严高贵的气质形成了鲜明的对比。古希腊家具最典型的是被称为“克里斯莫斯”的椅子，具有优美的曲线形椅背和椅腿，结构简单、轻巧舒适。

（3）古罗马家具

古罗马家具在造型和装饰上受到了古希腊的影响，但更多的是展现其民族特色：家具以造型坚实、厚重，加上以雄狮、半狮半鹫的怪兽、桂冠等题材的装饰，显得格外奢侈和华丽。当时的家具以青铜、石材和木材为主要原料，在工艺上精益求精。家具种类丰富，桌、椅、灯台及灯具的艺术造型与雕刻、镶嵌装饰达到很高的技艺水平。

图2-5　古希腊家具——克里斯莫斯椅复制品

图2-6　古罗马家具复原图

2. 中世纪家具

这一时期在约公元476年西罗马帝国灭亡至公元1453年文艺复兴之间。这个时期的艺术，分为三个风格：拜占庭艺术风格、仿罗马艺术风格和哥特式艺术风格。

（1）拜占庭风格家具

拜占庭风格又叫东罗马风格，为5～10世纪东方装饰设计的代表。拜占庭艺术的最大特点是其装饰性、抽象性和宗教寓意。拜占庭家具的构造方式基本延续了古罗马家具的制造方式，但在装饰上采取了更为华美的方式，注重色彩的灿烂与装饰的华丽，多用雕刻、镶嵌和绘画：象牙雕刻的板面常用于椅子、箱子、门等重要的装饰部位；家具使用时表面总是覆盖上各种织锦；丝织业的兴盛使家具的坐垫、披盖，以及室内的壁挂和帷幔等饰物发展起来；装饰纹样以阿拉伯蔓藤花纹，象征基督教的十字架、花环、花冠及狮子，毒蛇等动植物纹饰结合为基本特征。

◀ 收藏于意大利拉文纳的马克西米主教的宝座，是拜占庭式家具精美绝伦的代表。宝座用木材做框架，外覆象牙雕刻板，造型与更古时代的石制宝座相同。在侧面和后背的人物雕刻中，我们可以看到耶稣和圣约瑟的生平故事，在宝座的前面雕刻有洗者圣约翰和四福音故事。整个宝座造型刚直、庄重，体现了礼仪用椅的权威形象。象牙雕刻板则表现出拜占庭人精巧的工艺水准，上面雕有形似流动的纹样图案，并散缀着鸟和各种动物

图2-7　拜占庭风格家具——马克西米王座

（2）仿罗马风格家具

5世纪后仿罗马艺术形式出现在意大利和欧洲西部，主要流行于法国、德国、西班牙和意大利。仿罗马家具方正、庄重，结构简洁，常使用绘画和雕刻作为装饰手段。绘画题材包括几何和织物图案、宗教或具有象征意义的各种人体和场景；雕刻则主要采用动植物纹样。在材质上，除基本的木材外，铜、铁、象牙、珍珠等也较常使用，其中，铁的使用不仅作为装饰，还起到了结构的加强作用。到了仿罗马风格的后期，铁制的涡卷装饰几乎成为唯一的装饰题材。

（3）哥特式风格家具

哥特式风格于13世纪起源于法国，随后很快扩展到欧洲各国。最体现哥特式风格的是教堂建筑，其一反罗马式厚重庄严的半圆形拱门样式，而广泛地运用线条轻快的尖拱券、修长的立柱及高大的彩色玻璃镶嵌花窗，整体风格高耸消瘦。哥特式家具从造型、装饰题材到制作工艺都直接受哥特式建筑风潮的影响。家具造型以垂直线条强调庄重的形态，采用尖顶、尖拱、卷叶饰、棂花格及浮雕等装饰，展现出华贵、挺拔、严谨、纤细的气度。

图2-8　哥特式家具——主教座椅

3. 文艺复兴时期家具

14世纪在意大利兴起，16世纪在欧洲盛行，并一直延续到17世纪的文艺复兴运动，揭开了现代欧洲历史的序幕，带来了科学与艺术的变革。文艺复兴时期的家具，一反中世纪家具的僵化繁琐，而追求优美的曲线和层次，讲究正立面的和谐比例。在造型上，着重模仿古希腊、古罗马建筑的式样（圆柱、基座、檐和山墙等），使得家具的外观厚重庄严，线条粗犷，具有古典建筑的严谨与和谐；在装饰题材上，也消除了中世纪装饰中的宗教色彩，更多地体现出人情味。

图2-9　文艺复兴时期家具——但丁椅

4．近世纪家具

（1）巴洛克风格家具

16世纪末到17世纪初，整个欧洲的艺术风格开始进入了巴洛克时代。巴洛克式家具以浪漫主义的精神作为设计的出发点，最基本的特点是含蓄和均衡，崇尚豪华和气派，追求动态，喜好富丽的装饰和雕刻及强烈的色彩，常用穿插的曲面和椭圆形样式。

（2）洛可可风格家具

洛可可风格是18世纪初在法国形成的一种室内装饰手法，后来传到欧洲的其他国家，成为18世纪流行于欧洲的造型装饰艺术。洛可可家具精致、甜蜜、华丽，细腻柔媚，秀气高雅，打破了传统艺术上对称、均衡的规律，以不对称的、华丽的、轻快的、纤细的曲线和曲面著称，着重体现运动中的抒情效果。洛可可式家具造型上喜好凸起的贝壳纹样曲线和锯齿状的叶片，以及C形、S形和漩涡状曲线纹饰样式，使家具显得更加轻盈华丽；面板上镶嵌镀金的铜件及用不同颜色的上等木料加工而成的雕饰。

（3）新古典风格家具

18世纪50年代后，以复兴希腊、罗马的古代文化为旗号的欧洲新古典主义家具以其庄重、典雅、实用的古典主义格调逐渐代替了华丽繁琐的洛可可风格。以法国路易十六为代表的新古典家具可以说是欧洲古典家具中最为杰出的家具文化艺术，它不仅具有结构上的合理性和使用上的舒适性，而且还具有高雅的艺术形象。

欧式新古典家具较之古典的欧式家具，在造型上更加简洁，减少了繁琐的装饰，更讲究材质和面料。家具以直线和矩形为造型基础，并把椅子、桌子、床腿变成了雕有直线凹槽的圆柱，减少了青铜镀金面饰，较多地采用了镶嵌、漆饰等装饰手法，曲线少直线多，漩涡表面少，平直表面多。家具摒弃了过于复杂的肌理和装饰，简化了线条，并将古典风范与个人的独特风格和现代精神结合起来，使家具呈现出多姿多彩的面貌。白色、咖啡色、黄色和绛红色是常见的主色调，使家具看起来明亮、大方。

图2-10　巴洛克家具

图2-11　洛可可家具

图2-12　新古典风格家具

（二）中国古典家具

中国家具的发展历史悠久，根据人们的生活起居习惯的变化，可分为四个阶段：席地而坐的前期家具（原始社会至秦汉时期）；过渡时期的家具（魏晋南北朝、隋、唐、五代）；垂足而坐的后期家具（宋、元）；鼎盛时期的家具（明、清）。

1．席地而坐的前期家具

原始社会开始有了家具的雏形，使用木、竹等铺作或捆扎作为卧具，树桩、树墩、石块等作为坐具，出现了石斧、石锛等工具。

夏、商、周时期已经有了简单的家具，家具的品种主要包括：席、俎（桌案）、禁（箱柜）、扆（屏风），其造型雄浑有力、庄重大方，装饰纹样多用饕餮纹、夔纹、蝉纹、云雷纹和涡纹等。

春秋战国时期开创了家具的新历史，家具兼具了装饰功能和观赏功能，并且在制作水平和使用需求上都达到了空前的高度；家具的种类也有所增加，出现了案、几、床、舆（轿）、架等；家具装饰开始兴起：出现精美的浮雕和编织工艺，漆器工艺成熟。

秦汉时期家具种类丰富，由于当时席地而坐的生活方式，其形体一般较矮，由西域传入中原的胡床、交椅则是较高的坐具；装饰花纹多用云气纹；漆器工艺到达顶峰。

2．过渡时期的家具

南北朝时期，由于佛教的传入和各民族的交流融汇，高型坐具开始出现，对传统的席地坐是一次根本性的冲击，但席地而坐仍然是主要的起居方式；出现了低座靠背椅子，床开始加大和增高。

隋唐时期是中国家具形式变革的过渡时期，垂足而坐的方式由上层阶级开始逐渐遍及全国，出现了高低型家具并存的状况，到唐末，高型家具在品种和类型方面已基本齐全。这一时期的家具，在造型上宽大厚重，显得浑圆丰满；在装饰上崇尚富贵华丽，有漆绘、镂刻、木画、螺钿镶嵌等。

五代十国时期的家具前承唐代之风，后接宋代之荣。在造型上，这一时期的家具变唐之厚重为轻简、变浑圆为秀直，虽然尚未形成成熟的时代风格，但显著表现出家具体态的秀丽和装饰的简化。

3．垂足而坐时期的家具

宋代是我国家具史上的重要发展时期，也是中华民族的起居方式由席地而坐转变为垂足而坐的重要时期。这一时期，桌、椅、案、榻、柜、箱、橱、架、屏风等家具一应俱全，且每个品种都是变化多端，形式多样。宋代家具朴素自然、格局大方、简约淡雅，并集中体现在造型的对称美、装饰的典雅美上，如不作大面积的雕镂装饰，只取局部点缀以求其画龙点睛的效果。

元代家具虽然多沿袭宋代传统，但也有新的发展，结构更趋合理，为明清家具的进一步发展奠定了基础。值得一提的是这一时期出现了抽屉桌，大大提升了家具的使用效果。

4．鼎盛时期的明清家具

（1）明代家具

明代是我国家具发展的巅峰时期，明代家具也是我国家具的集大成者。造型简练、结构严谨、装饰适度、纹理优美是明代家具总的特点。具体来说，在造型上，比例匀称、线条优美、结构科学；在装饰上，手法多样、用材广泛，但绝不贪多堆砌，也不曲意雕琢，而是根据整体要求，作恰如其分的局部装饰；在选材上，配料恰当，重视自然纹理和色泽装饰；同时，明代家具还采用了金属饰件，以铜居多，如拉手、画页、吊牌等，不仅美观，并且很好地起到了保护家具的作用。

明式家具

拓展阅读

明代家具的装饰效果，主要依赖于既柔和又刚劲的线脚，及由此产生的光影效果。所谓线脚，是指家具中部件截断面边缘线的造型线式。它所呈现的形状是在方（包括长方形）与圆（或椭圆）之间产生的种种形变。明代家具的线脚，吸收了建筑、青铜器、陶瓷及其他工艺美术品中的线脚做法，经提炼成为简洁、挺拔、流畅、刚劲的线型。

设计案例

明式家具欣赏

①“官帽椅：官帽椅是一种有靠背的椅子，因其造型像古代官员的帽子而得名。主要有以下几种形式。

★ **四出头官帽椅**：所谓四出头即搭脑和扶手的两端都出头，整体造型曲线优美，背靠板呈“S”形，符合人体曲线。

★ **南官帽椅**：扶手和搭脑不出头外与四出头官帽椅其余特征一致。

图2-13　四出头官帽椅

图2-14　南官帽椅

② 交椅：由“马扎”发展而来，可以说是带靠背的马扎，以椅腿交叉可以折叠而得名。明代交椅椅圈曲线流畅自如，由三节或五节榫接而成；座面多以皮革或绳索制成；背板或光滑或雕嵌；交叉关节处，多用金属件，不仅坚固，且增加装饰美感；背板两侧、扶手或腿足上，多施以牙子装饰。

③ 圈椅：由交椅发展而来，属于等级较高的坐具。其后背搭脑与扶手是一条流畅的曲线，扶手两端或出头向外翻卷，或不出头直接与鹅脖相接而下，形成整体。

图2-15　交椅

图2-16　圈椅

(2) 清代家具

清初至康熙初年，这一时期的家具造型、装饰等都还是明代的继续。至康熙末年，经雍正、乾隆至嘉庆年间，形成家具独特的风格，这一时期的家具也就是我们所谓的“清式家具”。在造型上，清式家具一改前代的挺秀、典雅，而为浑厚和庄重，尺度、体量趋于宽大厚重，呈现出富丽堂皇、气势雄伟的特征；在装饰上，清式家具运用雕刻、镶嵌、描绘和堆漆等工艺手法，显得满雕密饰、富贵华丽。

图2-17 清代太师椅

（三）现代家具

1. 现代家具的萌芽

欧洲的工业革命为家具设计与制作带来了革命性的变化，制作水平日趋先进，生产规模不断扩大，“以人为本”的设计思想深入人心，这些因素都使得家具设计与制作更加人性化、大众化。同时，技术的发展，如胶合板问世、蒸木和弯木技术出现、高性能黏合剂研制成功并应用，为各类现代家具的发展铺平了道路。1830年德国人托耐特用蒸气技术把山毛榉制成了曲木家具，将技术开拓与满足社会各阶层的需要结合起来，使家具具有造型美、价格低、样式多、系列化等特点，有深远的历史意义。

◀ 托耐特家具的最大特点是物美价廉，适合大批量生产；另外一个重要特性是便于运输，它们虽非折叠式设计，但各构件间易于拆装，从而使运输空间达到极小。托耐特椅至今仍在生产中，包括数种变体形式，它是20世纪最为成功的椅子之一

图2-18 托耐特1859年生产的No. 14弯曲木椅

以“现代设计之父”莫里斯为首的设计师在19世纪末到20世纪初的英国发起了一场设计运动，工业设计史上称为“工艺美术运动”。工艺美术运动强调功能应与美学法则相结合，认为功能只有通过艺术家的手工制作才能表达出来，反对机械化大生产，重视手工；强调简洁、质朴和自然的装饰风格，反对多余装饰，注重材料的选择与搭配。

在1900年左右，欧洲大陆兴起了设计运动的新高潮，以法国为中心的“新艺术运动”主张艺术与技术相结合，主张艺术家应从自然界中汲取设计素材，崇尚曲线，反对直线，反对模仿传统。

2. 现代家具的形成

（1）荷兰风格派

荷兰风格派追求艺术的“抽象和简化”；研究基本元素的组合，采用立方体、几何体、垂直线和水平面进行造型设计，反对曲线；色彩只用三原色及黑白灰等无彩色系列；用螺丝装配，便于机械加工。

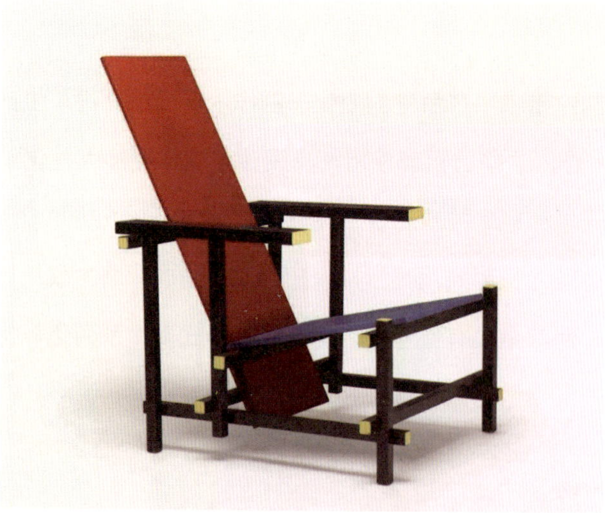

◀ 红蓝椅是风格派最著名的代表作品之一。它是里特维尔德受《风格》杂志影响而设计的。里特维尔德的红蓝椅对包豪斯产生了很大的影响

图2-19　里特维尔德的红蓝椅

（2）包豪斯学派

现代家具真正形成的标志是1910年德国包豪斯学院的诞生，包豪斯学院被称为“现代主义设计教育的摇篮”，其核心思想是功能主义和理性主义。其肯定机器生产的成果，重视艺术与艺术相结合，设计的目的是人而不是产品，认为产品要遵循科学、自然和客观法则，要满足功能的需要，符合广大人民的利益。

包豪斯学院

包豪斯学院的著名家具设计师

包豪斯是德国魏玛市的“公立包豪斯学校”的简称，后改称“设计学院”，习惯上仍沿称“包豪斯”，后更名为魏玛包豪斯大学。它的成立标志着现代设计的诞生，对世界现代设计的发展产生了深远的影响。包豪斯也是世界上第一所完全为发展现代设计教育而建立的学院。

马歇·布劳耶

马歇·布劳耶是现代主义早期在家具设计方面的集大成者，他成功地设计出多件划时代的家具作品。瓦西里椅是布劳耶的早期成名作，灵感来自当时非常流行的阿德勒牌自行车的金属车把，然后注入他喜欢的张力及通透因素，以拉紧的布条代替椅子的扶手及椅背，形成革命性的设计。瓦西里椅后来由世界许多厂家生产过，至今仍以各种变体形式制作着。这件作品对设计界的影响是划时代的，它不仅影响着布劳耶以后的设计作品，而且影响着成百上千的其他设计师的作品。

图2-20 瓦西里椅

密斯·凡·德·罗

密斯·凡·德·罗是20世纪最伟大的建筑师及家具设计师之一，是功能主义设计党派的核心奠基者之一。他是著名设计学府包豪斯设计学校的最后一任校长，也是将其教学理念进行彻底改革的校长。

1929年的巴塞罗那世界博览会上，密斯设计了创意十足的德国馆，却找不到与其相协调搭称的家具以欢迎西班牙国王和王后，于是密斯又设计了体量超大的巴塞罗那椅。

巴塞罗那椅是现代家具设计的经典之作，开创了现代简约风格家具的先河。它的主要结构是由成弧形交叉状的不锈钢构架支撑真皮皮垫，整体看上去十分优美。

玛丽安·布兰德

玛丽安·布兰德是唯一一位在包豪斯时期打造了个人声誉的女性。布兰德女士是现代设计史中的重要人物，不仅因为她创造了许多20世纪最美观耐用的金属制品，还因为她在男性主导的金属制品设计领域拥有一席之地。

布兰德的设计采用几何形式，运用简洁抽象的要素组合传达自身的实用功能。1927年她设计了著名的有康登台灯，康登台灯具有可弯曲的灯颈，稳健的基座，造型简洁优美，功能效果好，并且适于批量生产，成为设计史上的经典，也标志着包豪斯在工业设计上趋于成熟。

图2-21　巴塞罗那椅

图2-22　康登台灯

（3）现代主义

第一次世界大战之后，先前分散的各种设计改革思潮终于融汇到一起，形成了意义深远的现代主义，并标志着现代工业设计的开端。现代主义讲究设计的科学性，强调功能主义特征；形式上提倡非装饰的简单几何造型；重视空间的考虑，强调整体设计；在设计过程中考虑经济问题，以达到实用、经济的目的。现代主义使产品生产实现了标准化、批量化，提高了生产效率，促进了生产力的发展；但也存在造型单一化的倾向。

拓展阅读

柯布西耶躺椅（LC4）

勒·柯布西耶是对当代生活影响最大的建筑师，是20世纪文艺复兴时的巨人，是毕生充满活力，永无休止进行创造的设计大师、建筑大师和艺术大师。

柯布西耶的才华主要在建筑上得到了淋漓尽致的发挥，在家具设计上数量并不多，但每一件都有独创的设计思想，都对后世及当代设计师有深远的影响。

“柯布西耶躺椅（LC4）”是他为居室室内设计的最休闲放松的一件家具，他有极大的可调节度，可调成垂腿坐到躺卧的各种姿势。它由上下两部分构架组成，如去除基础构架，上部躺椅部分可当摇椅使用。

图2-23　柯布西耶躺椅

（4）装饰主义风格

装饰主义风格是20世纪二三十年代主要的流行风格，涉及家具与室内设计、陶瓷、漆器、绘画、海报和时装插画等设计艺术领域。其目标是使艺术与设计相结合。家具与室内设计是装饰艺术设计风格最集中体现的领域之一。家具造型采用简单、夸张的几何造型，使简单明快的几何形与复杂的表面装饰形成对比，并利用纺织品创造豪华和绚丽多彩的装饰品位；在色彩设计中强调运用鲜艳的纯色、对比色和金属色，造成强烈、华美的视觉印象。

（5）斯堪的纳维亚风格

两次世界大战之间，地处北欧的一些国家在设计领域中崛起，形成斯堪的纳维亚风格，取得了令人瞩目的成就。它将现代主义设计思想与传统的设计文化相结合，既注意产品的实用功能，又强调设计中的人文因素，避免过于刻板和严酷的几何形式，从而产生了一种富于“人情味”的现代美学。

斯堪的纳维亚风格

3. 现代家具的发展（第二次世界大战后至今）

第二次世界大战后，美国现代家具迅速崛起，引领世界家具设计潮流。同时，随着美国工业，尤其是航空工业、塑料和有机化学工业的迅速发展，家具可以使用的材料有了进一步的扩展，在新材料的发掘和应用上出现了一场革命性的变革。到了20世纪90年代以后，家具设计广泛吸收了人类学、社会学、哲学、美学的思想，紧密跟随社会进步和文化艺术发展的脚步，在家具的内涵和外延空间上不断扩大，功能更加多样，造型千变万化，真正将实用性和艺术性合二为一。

设计训练

训练任务：深入家具市场，收集不同风格家具的相关资料与数据，了解相关材质、价格以及市场行情，并建立个人素材库。

训练目的：通过对家具市场的分析，对现有家具有了深入了解，为进一步进行家具搭配打下基础。

训练步骤：（1）分组。将全班学生分成5～6人/组的若干组。

（2）搜集资料。通过实地考察、网上搜索等方式搜集家具的相关资料与数据，包括品牌、材质、价格、购买途径、安装周期等。

（3）汇总。将各个小组搜集到的家具进行汇总，形成由多个品牌组成的优质家具资源库，并分类整理国内及国际相关的家具品牌及其代表作品，建立起个人素材库。

任务二 掌握家具的搭配技巧

学习目标

1. 了解家具在室内设计中的作用。
2. 熟悉室内家具布局的原则。
3. 能够合理挑选室内家具并进行布置。

教学方法

1. 理论讲授结合课堂实操练习，通过对家具布局技巧的讲解和现场示范，让学生直观地感受家具布局在室内设计中的作用，训练学生的设计实际动手能力。
2. 采用案例分析法、课堂练习法、分组竞赛法等教学方式，提升学生的学习积极性和主动性，提高学生的搭配实战能力。

学习要点

1. 掌握家具布局的方法和要领，并能熟练地为业主挑选家具。
2. 能熟练地绘制家具布局图。

一、家具在室内设计中的作用

（一）限定和组织室内空间

家具在室内设计中起着限定和组织室内空间的作用，具体表现在以下两个方面。

一方面，绝大多数室内空间在未布置家具前是难以判断其使用功能的，也就无从谈起如何更好地利用空间，也就是说，家具限定了空间的使用性质，是使用功能的决定者。不同使用功能、不同结构特征、不同制作材料的家具及家具的不同布置形式，能反映出空间的使用目的和个人特征，从而赋予空间一定的性格和品质。例如，空间布置了沙发和茶几，就被定义为客厅，成为居室的公共交流空间；而同样大小的空间，布置了床和衣柜，就被定义为卧室，是属于个人的私密空间。

另一方面，人们在一定室内空间中的活动是有顺序的，不同家具围合出的功能区域也可以组织人们在室内活动的路线。例如，根据烹饪程序布置的厨房家具能引导人们在厨房的行动路线；展厅中展板和展架的排列可以组织人们的参观路线。

（二）分隔室内空间

为了提高空间的使用效率，增强室内空间的灵活性，特别是由于现代建筑中框架结构的普及，在进行室内空间布局时，常使用家具作为隔断，将室内空间分隔为功能不一的若干个空间。这种分隔方式灵活方便，可随时调整布置方式，大大提高了室内空间的利用率和使用质量，同时也能够使室内空间的造型和层次更加生动、丰富。例如，在厨房与餐厅之间用吧台、酒柜等进行分隔；在商场和超市用货架、柜台分隔区域等。

▲ 屏风是中国传统建筑室内空间分隔的常用手段之一，这样的分隔，既可以保证不同的区域之间相互不受干扰，又有一定的独立性和隐私性，在需要扩大空间时，又可以随时撤掉屏风，形成一个大的空间

图2-24 屏风隔断

（三）调节空间尺度

一般说来，正确的尺度就是真实的尺寸大小，但对于室内设计而言，反映真实尺寸并不是设计的目的。例如，在较大的空间内，为使空间不致过于空旷、疏离，需要运用设计调节感觉上的空间印象；同样的，在较小的空间，为了避免产生狭窄、拥挤的印象，也需要调整家具的尺寸与布局，使空间感觉大于实际尺寸。具体来说，运用家具调节空间尺度，可通过以下几种手段：

1. 通过家具的尺寸、密度调节空间尺度

家具的尺寸并不是一成不变的，在保证其使用功能的前提下，选择适合空间大小的家具，可调节空间的尺度，使空间显得比实际大一些或小一些。

图2-25　不同家具尺寸调节空间尺度

2. 家具的视觉效果调节空间尺度

（1）家具与环境融为一体，“隐藏”在环境中

在较为狭窄的空间中，常使家具与环境融为一体，营造空间开敞、整洁的感觉。家具的“隐”主要有以下三种形式：

★ **嵌入：** 把家具嵌入墙体中形成整体的空间界面，并在色彩上作统一处理，使其成为其他要素的视觉背景，“有其功而无其形”，从而扩大空间感。

★ **反射：** 用镜面使家具的某些部分融入环境而消失，从而产生空间扩大的感觉。

★ **透明：** 家具表面选用透明材质，减弱体量感，加强空间的通透和流动，从而扩大视觉空间。

（2）家具成为空间的视觉中心，“凸显”于环境中

在较为空旷的空间中，往往采用具有鲜明色彩、独特造型的家具作为视觉中心，以凸显空间层次，降低空间的疏离感。

图2-26　家具鲜明的色彩减轻了过高的层高带来的压迫感，使人的视线集中于空间下部，避免头重脚轻

3. 利用家具填补和扩大室内空间

在室内空间中，往往会有一些难以利用的空间，但利用造型各异的家具，可以使空间利用更加合理。例如，在坡屋顶下的低矮空间布置床榻，可以形成亲切怡人的休息区。

通过家具的布置方位、可储藏性、多用途性和叠合空间的使用，可以间接地扩大室内空间，在室内设计中经常使用的是多功能组合家具和“借天不借地”的悬吊式家具。例如，现代厨房中常使用的吊柜、儿

童卧室中常使用的高低床都既充分利用了空间，也丰富了室内的视觉效果。

（四）营造气氛

家具除实用功能外，也可作为室内装饰的一部分，其装饰作用与整个室内空间所呈现出来的氛围是密切相关的。不同材料、造型、体量和装饰风格的家具及其布置形式能够营造不同的室内气氛。例如，紫檀木、花梨木和乌木等名贵木材与镶嵌、雕花等工艺结合的家具可营造出高雅、华贵的气氛；复合材料组装的板式家具能营造活泼、时尚的气氛；竹藤、亚麻等材质的家具可以营造自然、朴实的气氛等。只有当家具、硬装等达到和谐统一时，才能真正体现出装饰的美感。因此，家具的造型、色彩、材料与风格等因素应与整个室内环境的风格协调一致。

（五）调和空间

在家具进入空间之前，空间是没有灵魂的。一方面，建筑中使用的钢筋混凝土、玻璃、石材等空间，往往会使人感觉生硬和冰冷，而家具和织物等陈设品的加入，则给室内空间带来了生机与活力。另一方面，家具在整个室内环境的色彩控制中起到重要的作用。室内环境色彩对室内的舒适度，环境气氛，使用效率及人的生理、心理均有很大的影响。而家具、织物等往往处于室内环境的视觉中心，其色彩也是室内的主题色彩，因此家具是构成室内环境的最主要部分之一，是室内色彩调节的关键。

二、室内家具的布局原则

（一）符合空间功能性要求

家具作为空间布局的主体部分，布局不合理不仅不美观，而且还会极大地影响生活。因此，室内空间布局的首要原则就是要符合空间的功能性要求。空间功能性是指某一种室内环境的用途及在这个环境中可以进行的活动，功能性是家具选择和布局的决定性因素。每个空间的使用目的不同，家具选择及摆设的方式也不同。

搬了八次家，却没有扔掉一件家具

例如，书房就需要选择合适的书桌与工作椅，并且考虑书桌要摆放在窗边，以获得足够的光线；卧室则要选择床、衣柜、梳妆台等以满足休息、放松、梳妆需求。

（二）符合活动路线

家具的摆设布局影响着室内人们的活动路线。一方面，家具的摆放不应阻碍人们的活动路线，如果摆放的位置刚好在人们行走的地方，那么会造成诸多不便；另一方面，家具摆放的空隙会引导人们的行走方向。因此，在布置家具时，要考虑室内人流路线和空间面积的大小，使人的出入活动快捷方便，且不能影响家具的使用。

（三）环境和谐

空间大小已由外部建筑环境决定，因此在一定程度上制约了家具的选择。也就是说，在家具选择时要充分考虑到家具和房间的比例关系及重量感，如家具的长度和宽度、从天花板到地面的高度等，这样才能使整体环境和谐。例如，在天花板较矮的房间内，如果选择家具时只考虑了长度和宽度，而忽略了高度，会让人产生压迫感；在一个较小的空间，也不宜选择尺寸过大的家具，否则会使原本不大的空间显得更沉闷、压抑；同样的，在一个较大的空间，如果了选择一些精致、轻巧的家具，容易造成室内空旷的感觉，且增加人的寂寞感。

（四）色彩调和

一个房间应有一个色彩主调，一般由室内天花板、墙壁、门窗、地板等色彩决定。由于家具在室内占的空间最大，家具色彩也可成为主调，因此其色彩起着协调室内色彩的关键作用。如果处理恰当，它能给人以美的视觉享受；反之，会使人觉得突兀、不和谐。一般说来，家具的色彩配置常常采用整体统一的原则，即选择一个或一组主体颜色，在空间中反复出现；一些鲜亮的彩色，可局部使用，增添空间的活力。

图2-27　柠檬黄的沙发似午后暖阳，让充满生活气息的空间更加灵动

（五）与其他设备配合

室内空间设计是一个整体设计，不能孤立地去处理其中的某项元素。在家具选择和布局上，还要与其他设施设备相配合。

首先，家具的布局不应影响空间设备的性能。例如，在布局时要充分考虑室内空调等设备的运行，不应遮挡热量的散布和冷空气的进入，如果有阻隔的话，会造成室内取暖、通风和空调系统不能有效地工作。

其次，需要用来摆放电器的家具应该放置在靠近电源插座的地方，否则电源线拖得过长既不方便也不安全。

最后，要考虑到照明器具的选择和光线的处理。照明设计和家具设计应该要上下对应，特别是顶棚灯具。要根据作为空间中心的照明设置的位置配置家具，而且要注意人在就座时不能感到刺眼。

三、室内家具的选择与布局

（一）客厅家具

选择客厅家具的主要依据是客厅的功能组成，即在客厅进行的基本活动，如坐、卧、接待、娱乐和就餐等，这一点决定了家具的类型、布局方式和材质等。例如，习惯在客厅进行休闲活动，如看电视、阅读等，可购买L型沙发；经常在客厅接待工作伙伴，则宜选择面对面的沙发；在客厅进行亲子活动，可考虑购置地毯等。一般来说，最常见的客厅家具是沙发＋电视柜＋茶几的组合。

1．沙发

（1）沙发的选择

★ 尺寸：① 可根据客厅的大小、需要摆放和空出的空间、日常使用人数的多少及将来的可持续延伸性，来大致判断下需要的沙发长度。例如，在大城市生活的小夫妻，对会客要求不高，可选择尺寸较小的沙发。② 在宽度的选择上，既要有一定的坐深，保证沙发的舒适性，又要注意保持宽敞的走道动线。一般来说，人处于正坐状态的时候，茶几到沙发的距离约为35～45 cm；若人采取较为放松的姿势，则需要45～50 cm左右的空间。

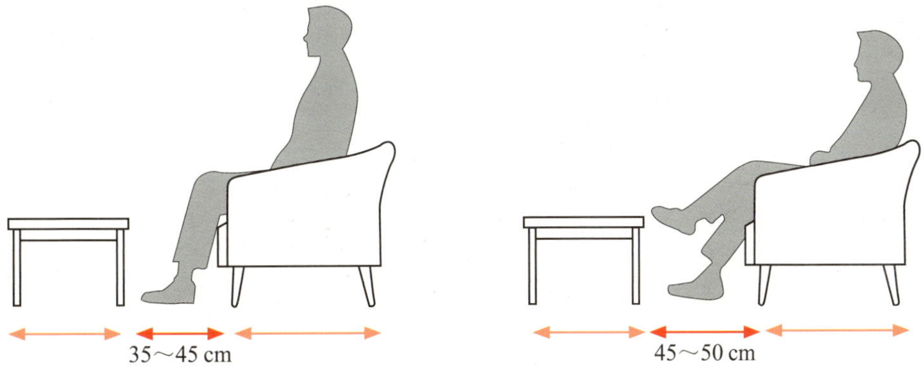

图2-28　沙发宽度的选择

★ **色彩**：沙发的色彩选择主要考虑墙壁和地板的颜色。通常情况下，墙壁、沙发和地板是相近色，以此为基调可搭配鲜明的靠垫、脚凳、地毯、落地灯等装饰物品。相反，若是希望沙发的色彩较为突出的话，也可以选择与周围环境色差较大的颜色，但是要注意使用靠垫、地毯等调和色彩，以达到和谐统一的效果。

★ **材质**：目前市面上的沙发主要包括实木、布艺和皮质沙发三种。实木沙发大气、典雅，但价格较高；布艺沙发造型简洁、明快，色彩多样，但易沾染污渍；皮质沙发舒适、奢华，但造型单一，较为笨重。在选择沙发的材质时，要从生活方式、家庭成员的需求、整体风格是否和谐等方面着手。例如，布艺沙发容易沾染污渍，对空气中的异味也有一定程度的吸收和保留，因此，对气味和污渍较为敏感的家庭、采用开放式厨房的家庭，尽量不要选择布艺沙发；而有孩子的家庭，如果希望在客厅中打造亲子空间，则不要选择实木沙发，以免发生危险；而家中有猫、狗等宠物的家庭，要考虑到宠物对真皮沙发的损坏。

（2）沙发的布局

沙发是客厅的核心部分，沙发的布局就决定了客厅的主要功能导向。客厅沙发主要有4种布局方式：直列式布局、对面式布局、L型布局和斜角布局。

★ 直列式布局和L型布局是客厅最常见的布局方式，基本上适用于所有类型的沙发。在选择时，只要考虑空间大小和使用者的要求即可。

★ 对面式布局一般使用在较大的空间中。采用这种模式布局的客厅的主要功能是接待、会话，因此，宜选择较为正式的沙发，避免选择过于柔软及宽度过大的沙发。

★ 斜角布局一般出现在客厅空间不大的情况下。为了使整个室内显得更加开阔，则取用斜角布局，充分利用房间对角线和角落的空间。需要注意的是，在选择时要严格注意尺寸。

▲ 对面布局

▲ 斜角布局

图2-29　沙发的布局

2. 茶几

★ **风格：** 茶几的风格要和整体家具协调，特别是沙发。沙发腿和茶几脚、扶手椅脚要形状相似；沙发没脚，茶几可选无脚柜式，也可跟着扶手椅脚走。

★ **尺寸和形状：** 空间大小是考虑选择茶几尺寸和形状的依据。若空间不大，以椭圆形小茶几为佳，柔和的造型，能使空间显得轻松而没有局促感。如果在大空间，则可以考虑除了搭配主沙发的大茶几外，在厅室的单椅旁设置较高的边几，作为兼具功能性和装饰性的小茶几，为空间增添更多趣味和变化。茶几的桌面以略高于沙发的坐垫为宜，但不要高于沙发扶手的高度。

★ **颜色：** 在选择茶几的时候需要考虑与沙发、地板和窗帘等的颜色和谐。

★ **材质：** 茶几的材质比较多，有大理石、金属、玻璃和实木等，选择时应配合相应的装饰风格与家具款式。例如，现代时尚创意风格可以选金属或玻璃材质的茶几，金属搭配玻璃材质的茶几能给人以明亮感，有扩大空间的视觉效果；而沉稳、深暗色系的木质茶几，则适合较大的古典空间。

★ **功能性：** 茶几除了具有美观装饰的功能外，还要承载茶具、小食品等，因此，也要注意它的承载功能和收纳功能。若居室较小，则可以考虑购买具有收纳功能的茶几或具有收展功能的，以根据使用者的需要加以调整。

此外，安全性选购茶几时也应该注意到安全性的问题，边角要光滑、连接处要稳固，这样才能确保安全，家里有儿童的要慎用玻璃材质的茶几。

3. 电视柜

电视柜的核心功能就是放置电视及其他试听设备，因此首要考虑的是电视的规格及其他试听设备的数量及尺寸，在能够容纳所有设备的同时还要有一定的散热空间；在尺寸上，要考虑电视机的大小与座席远近之间的关系，电视柜的高度要根据使用者看电视时的视线高度来决定，即应该让使用者就座后的视线正好落在电视机屏幕的中心。此外，要注意电视柜的孔位和设备的走线位置。

课堂互动

在“沙发＋茶几＋电视柜”的传统客厅布局方式以外，还有其他的选择吗？谈谈你对客厅的主要需求，你会通过什么样的布局来实现你的需求？

（二）卧室家具

卧室最主要的家具是床和衣柜，整体布局的原则是和谐、统一。在色彩选择上应以统一、和谐为宜。家具色彩一既要符合个人爱好，又要注意与房间的大小、室内光线的明暗相结合，并且要与墙、地面的色彩相协调，但又不能颜色太相近，不然没有相互衬托。一般说来，浅色家具可使房间产生宁静、典雅、清幽的气氛，且能扩大空间感，使房间明亮爽洁，而中等深色家具色彩较鲜艳，可使房间显得活泼明快。

1. 床

床是卧室布置的主角，在卧室的氛围营造方面具有不可替代的作用。在选择床时，应结合使用者的习惯，从床的高度、材质、颜色等方面综合考虑，并根据使用需要复合储物功能等。

除了床的选择外，床屏的设计也是卧室软装饰设计的重点。床屏即床头所在的墙面设计，要从实用性和美感两方面来考虑。从实用角度来说，床屏可以设置一定的储物空间，既方便物品的取用，又彰显了主人的品位，另一方面，床屏的色彩和材质都要符合使用者的审美情趣，达到实用和美观的完美统一。

图2-30　床屏的设计，充分利用了床头柜上方的空间，并延伸过去通过顶线来把整个空间融合

卧室的“设计重心”是床，空间的装修风格、布局、色彩和装饰，一切都应以床为中心而展开。如何放置床，实际上就是找到床的视觉中心，主要有以下几种方式：① 直接布置于墙壁的物理中心；② 使用照片墙，用大的挂画创造视觉中心；③ 使用床幔创造视觉中心；④ 利用窗

户营造视觉中心。最简单的一种放置方法是布置于墙壁的中心，创造一种视觉平衡。

2. 衣柜

(1) 衣柜的分类

从制作方法来分类，衣柜可分为定制衣柜和成品衣柜，分别具有以下特点：

★ **定制衣柜：** 由设计师上门量尺，根据要求出图、加工，成品安装，方便整洁；周期长，一般在一个月左右，如果量尺错误，返工概率较大；可自选材质、款式、组合方式等，满足个性化要求；在空间利用上，能充分利用空间，完全与墙体吻合；一般价格较高。

★ **成品衣柜：** 大批量标准化生产，款式固定；高度与宽度的尺寸相对固定，衣柜顶部往往距离天花板还剩余一定空间，容易造成空间利用的浪费；即买即用，相对便利；可满足不同价格区间的需求。

(2) 衣柜的选购要求

在衣柜的选购上，要从业主需求、空间需求、美观需求三方面来考虑。

1) 业主需求

在选购衣柜前，首先要了解业主的使用需求，即了解衣柜“放什么”“放多少”“怎么放”的问题。一般说来，对于不同的使用人群，有不同的选购要点。

★ **成年人：** 成年人的衣物较多，衣柜要保证具有足够的储物空间，并能按照需求合理分布内部隔板。例如，分为高矮两种不同的悬挂区，以更好区分收纳；成年女性可在衣柜增加层板，设置饰品柜或者贴身衣物区。

★ **儿童：** 儿童处于成长期，衣物更新换代较快，且儿童玩具也需一定的存放空间，所以儿童衣柜要配备强大的收纳存放功能，以满足儿童需要。另外，由于儿童活泼、好动、喜爱玩闹，为避免伤害，衣柜的边缘要圆滑，衣柜内部要留有透气孔，且柜门处要有防夹手设计。需要注意的是，儿童衣柜不光要满足基本的储物要求和安全性，还要满足其身体成长、益智趣味、学习和玩耍等方面的需求。

★ **老年人：** 老年人不宜过度伸展身体悬挂衣物，所以在选购老年人的衣柜时，应考虑衣柜的实用性和便利性；在内部空间的处理上要尽量增加叠放空间，减少最底层的抽屉数量，挂衣区的重心也要拉低；衣柜照明也要柔和清晰，整体格调温馨而舒适。

2) 空间需求

衣柜的大小、开门样式和造型应根据卧室的尺寸、布局来选择。尺寸较小的卧室，可选择成品衣柜或定制衣柜，空间较大的卧室则可根据需要选择定制衣柜，甚至是设计独立的衣帽间。

3) 美观需求

衣柜的材质和款式可以根据需要选择美观、大方，与其他家具风格和谐的。在色彩选择上，一般选择和其他木质家具同色，如电视柜或者五斗橱；也可以与门同色；也可以和地板或者踢脚线同色。

（三）餐厅家具

餐厅最主要的家具是餐桌和餐椅，餐桌与餐椅的设计要与整体家居装饰风格和谐、统一，要符合房间的整体色调搭配。要挑选出既具有功能性又具有美观性的餐桌，可从以下几个方面着手。

1．了解业主的生活习惯与需求

在进行选择之前，设计师首先要与业主进行沟通，深入了解业主的生活习惯，如通常家中有几人用餐，用几餐？家中是否有小孩？是否经常在家招待客人？除用餐外，餐桌是否承担其他用途？对餐桌的颜色、材质、款式等是否有偏好？等等。对业主的生活方式有了深层的认识，能够清晰勾勒出餐桌的使用情景，才能对餐桌的选择有明确的方向。

2．选择餐桌的尺寸

如果房屋面积较大，有独立的餐厅，则可选择具有厚重感的餐桌；如果餐厅面积有限，而就餐人数并不确定，则可选择伸缩式餐桌；而在人数较少的情况下，则适宜挑选精巧雅致的小型餐桌。具体说来，餐桌尺寸的确定要从以下几个方面着手：

（1）使用者坐下时所需的宽度和深度。人就座时的宽度至少要求60 cm，深度至少要求80 cm。在空间充足的情况下，在确保动线的同时，这个宽度和深度适当加大会让使用者感觉更舒适。

（2）餐椅与桌脚的空间关系。在室内空间有限的情况下，就要考虑不用餐时餐椅能否顺畅地收纳在餐桌下。

（3）墙壁与餐桌的距离。一般情况下，墙壁和餐桌之间至少要预留100 cm左右的空间，方便拉出椅子入座，且入座后不影响周围人走动。

拓展阅读

常见餐桌实际尺寸参考数据

1．长方形餐桌

76×91 cm的长方形餐桌容纳1～2人；76×96 cm的长方形餐桌容纳4人；102×122 cm的长方形餐桌容纳6人；102×183 cm的长方形餐桌容纳8人。

2．圆形餐桌

直径114 cm的圆形餐桌容纳4人；直径120 cm的圆形餐桌容纳6人；直径130 cm的圆形餐桌容纳8人。

3. 选择餐桌的形状

常见的餐桌形状有长方形、圆形、正方形、椭圆形等。一般来说，餐桌的形状应该和用餐区域的形状一致：长方形的空间用长方形或椭圆形餐桌，如果用餐区域接近正方形，就用正方形或圆形餐桌。但是，从空间利用的角度，方形餐桌比圆形餐桌能更有效地利用空间，因此在空间有限的情况下，更适宜选择方形餐桌。

▲ 玻璃材质圆形餐桌大气、典雅，与整个空间简洁、高贵的气质相得益彰

▲ 形状规整的原木桌椅、温暖的阳光、清新的绿植，共同营造出清新雅致的餐厅氛围

图2-31　不同形状的餐桌

4. 选择餐桌的材质

随着现代社会科技的发展，人们的观念进步，餐桌的材质也越来越多样化。人们可选择玻璃、金属、木材、水泥等形态各异的材质来满足自己的需要。一般说来，木质餐桌款式多样，亲和力强，但稳定性不佳，受含水率和温度影响，容易变形；金属和大理石材质的耐热性出众，可以盛放高温的餐具，但给人以距离感，且冬季使用感不佳；玻璃材质清透简约，但不好打理，且有一定的风险性。

（四）书房家具

书房是人们在家中工作和学习的地方，书房中常用的家具包括书桌、书柜、沙发等。

1. 书桌

书桌的设计应符合人体工学原理。按我国正常人体生理测算，书桌高度应保持在72～75 cm，考虑到腿部在桌子下面的活动区域，桌下净高应不少于58 cm。座椅应与书桌配套，要求高度适中，软硬适宜。为适应现代社会办公需求，办公桌还应相应设置键盘托等设备，键盘托的高度应略低于座椅扶手。

2. 书柜

（1）按藏书多少选择书柜

如果家里的书较少，可以考虑选择成品书柜或与陈设柜等合并使用，也可以利用家中零碎角落存放书籍。若家中藏书颇丰，则需要考虑定制书柜，并在设计中考虑实际使用的问题，如是否加门来防尘；需不需要梯子来登高整理书籍；是否需要在柜体嵌入灯具来补充照明等，甚至还需要考虑是否增添除湿恒温装置。

（2）注意书柜的尺寸

书柜的高度和深度都要根据使用情况来设计。一般来说，书柜的深度需要在30～40 cm之间，高度则需要根据藏书数量和人方便取用的高度来决定。

（3）考虑书架的承重能力

这主要是看层板的跨度与厚度。一般来说，最薄的层板厚度为1.5 cm，如果其跨度超过了80 cm，书又太重的话，就很容易出现弯板的现象；如果跨度达到了120 cm，那就要用2.5 cm厚的层板了；超过140 cm的，层板的厚度就要达到3.8 cm。

（五）其他家具

1. 鞋柜

玄关鞋柜是进门之后首先接触的地方，在实用功能外也要求很高的审美价值。因此，在设计上要求其色彩、造型都能与整体家居氛围和谐、一致。选择鞋柜最重要的原则是功能性，这就要求其具有一定的容量，至少要容纳10双鞋子；同时要具有一定的高度，能满足不同鞋型鞋子的容纳；最好能具有一定的储物、收纳功能，能放置雨伞、钥匙、包等。

在鞋柜的布局上，若有玄关，则直接贴墙放置即可，若无玄关，则可以考虑设计隔断形式。

图2-32　鞋柜

2. 其他家具

现代人们的生活越来越丰富多彩，可根据实际需要定制或购买各类家具，如飘窗柜、收纳柜、梳妆台、各类装饰性家具等。只要色彩搭配合理、风格和谐统一即可。

家具的选择技巧

设计训练

训练任务：家具搭配。

训练目的：通过本次训练，让学生掌握如何选择家具及布局。

训练步骤：（1）分组选题。延续设计训练1-1的分组，甲乙双方互换身份。

（2）甲方提出布局房间的条件（提供CAD图纸）、家具选购的诉求、总体预算等具体要求。

（3）乙方根据甲方提出的要求，在网络上选购符合要求、美观大方、在预算范围内的家具，并列出具体清单。

（4）甲方通过采购清单后，乙方绘制家具布局图和手绘效果图。

任务三　掌握家具的设计技巧

学习目标

1. 掌握家具的设计技巧。
2. 能设计创意家具产品。

教学方法

1. 理论讲授结合课堂实操练习，通过对家具设计技巧的讲解和现场示范，让学生直观的感受家具设计的技巧，训练学生的设计实际动手能力。
2. 采用案例分析法、课堂练习法、分组竞赛法等教学方式，提升学生的学习积极性和主动性，提高学生的设计实战能力。

学习要点

1. 掌握家具设计的方法和要领，并能熟练地设计家具。
2. 能熟练地绘制家具设计图。

一、模拟和仿生

模拟和仿生是指通过对某一形象的联想和模仿而进行设计的手段。模拟的对象主要是抽象和具象的形体等；而仿生则是模仿的自然界中的生物外形，或根据其生物合理存在的原理来改造家具的结构性能。模拟和仿生是家具造型创新设计的主要手段之一，其关键是联想，包括接近联想、相似联想、对比联想和因果联想。模拟和仿生可以根据以下步骤来进行。

1. 确定模拟对象

任何自然形象或具象的事物都可以是灵感的来源和模拟的对象，如各种动物、鸟类、植物、花卉、自然现象等，设计师要善于观察，及时捕捉灵感的来源。

2. 发挥联想能力，创造出崭新家具形象。

联想可以帮助设计者把眼前看到的事物与具体的家具造型结合起来，并通过整理和加工，归纳出典型特征，最终转化为新的形象。

设计案例

雅各布森经典设计

雅各布森是20世纪丹麦著名家具设计大师。他在实践中以材料性能和工业生产过程为主导，摒弃那些不必要的繁琐装饰，将冰冷刻板的功能主义变成了精练而雅致的形式，是“新现代主义”的代表人物之一。

他的家具设计具有强烈的雕塑形态和有机造型语言，注重材料的应用和完整的机构，巧妙的功能设计与大批量生产相结合，使他的家具作品具有非凡的、永恒的魅力。他的作品十分强调细节的推敲，以达到整体的完美。他认为家具、陈设、地板、墙纸、照明灯具和门窗等的细部与建筑总体和外观设计一样重要。他的大多数设计都是为特定的建筑而作的，因而与室内环境浑然一体。

雅各布森在20世纪50年代设计了三种经典的椅子：1952年为诺沃公司设计的“蚁”椅；1958年为斯堪的纳维亚航空公司旅馆设计的“天鹅”椅和“蛋”椅。这三种椅子均是热压胶合板整体成型的，具有雕塑般的美感。

雅各布森“蚁”椅

▲ 蚁椅

▲ 天鹅椅

▲ 蛋椅

图2-33 雅各布森经典设计

花卉椅

梅田正德是日本著名当代设计师，他尝试用西方的先进工艺表达日本文化中崇尚自然的精神。其代表作是一系列以“花”为创作原型的家具。其中，最被人称道的是月光花园扶手椅和玫瑰椅。

月光花园扶手椅设计于1990年，其主体为六“片”花瓣。其中向上的三片，一片为靠背，另外两片为扶手；向前的一片，充当坐垫。向下的两片，与“花柄”一起形成三角支撑。该椅子是高新科技与专业手工技术的结合。其以不锈钢为构架，外部包裹天鹅绒面料，内部用聚亚安酯和厚毛料填充。将美观与舒适融合一体。

玫瑰椅就像一把盛放的花朵，一片片花瓣重叠起来构成坐垫，坐感舒适。该椅的架构用了金属和木头两种材料，其椅脚为铝制，实际上也是玫瑰花的一部分——玫瑰的刺。整个设计浪漫之中带有高贵的气质。

▲ 月光花园扶手椅

▲ 玫瑰椅

图2-34 梅田正德花卉椅

二、提炼和结合

提炼和结合是指将历史上出现过的、经过历史验证的经典家具的元素进行提炼，融入到现代家具的设计中，创造出崭新的现代家具形象的设计手法。经典家具往往具有深厚的人文底蕴，经过历史的不断演变，其功能与美学达到巅峰。提炼经典家具在材料、工艺、造型、色彩等方面的设计元素，并将这些设计元素结合到现代家具设计中，有利于传承和发展传统文化，使现代家具展现出古典的韵味。

设计案例

椅子大师汉斯·瓦格纳

汉斯·瓦格纳是丹麦设计巨匠，被世人奉作“椅子大师”。他的设计多从古代传统设计中吸取灵感，并提炼其已有形式，进而形成自己独特的构思。他对设计精益求精，强调家具的全方位设计，认为“一件家具永远都不会有背部”。

瓦格纳设计的椅子结构科学、造型完美、细节完善、亲切舒适、安静质朴充，分发挥材料的个性。他不盲从潮流，强调尊重传统、承袭文化、欣赏自然，其设计被称为富于“人情味”的现代美学。其代表作有“The Chair”“孔雀椅”“中国椅”“贝壳椅”“Y Chair”“Valet Chair”等。

▲ The Chair

▲ 孔雀椅

▲ 中国椅

▲ 贝壳椅

▲ Y Chair

▲ Valet Chair

图2-35　汉斯·瓦格纳设计作品

三、材料与肌理

家具设计领域新材料层出不穷，对新材料的发现与运用为家具设计提供了物质基础，使家具样式的多样性成为可能。对新材料的研究开发，历来是家具设计灵感的源泉，每一种新材料的出现都能产生新的家具品种及不同的外观效果，设计师要善于利用新材料的研究成果，设计出与新材料相适应的新造型。

设计师不但要了解材料的外在特性和内在特性，也要善于利用材料的肌理效果展现家具的艺术美感，为家具设计带来新的创意。例如，木材纹理美观、自然淳朴；石材光泽美观、厚重典雅；金属坚硬冰冷、挺拔刚劲；塑料细腻光滑、优雅轻柔；有机玻璃明洁透亮、富丽亲切等。

设计案例

家具设计师伊姆斯

伊姆斯是美国杰出的家具和室内设计大师，他的设计具有合乎科学与工业设计原则的结构、功能与外形，其采用多层夹板热压成型工艺设计的大众化廉价椅子使家具走向轻便化、大众化。伊姆斯对使用胶合板、玻璃、纤维材料、钢材、塑料等新材料十分热衷。

1949年，伊姆斯设计了“壳体椅”系列，他引入当时刚发明出来不久的玻璃纤维塑料作为主体材料。这种椅子新型的样式——单件坐具与腿足的简单结合，对家具设计的影响非常巨大；新材料中色彩的加入，又给这个椅子增添了无穷活力。

1956年，伊姆斯又设计了“铝系列椅”：其底座是压铸铝制的肋状支架，上部的座位和靠背连成一体，细部结构都隐藏在坐垫内，坐垫面层是有机织物，内充乙烯基塑料泡沫，这样截然不同的两种材料自然地融为一体，正是伊姆斯设计的一贯特点。

▲ 壳体椅

▲ 铝系列椅

▲ 伊姆斯躺椅

▲ 木质餐椅

▲ 铸铝系列躺椅

图2-36　伊姆斯设计作品

四、功能与创新

家具是结合使用功能和艺术美学为一体的工业产品，实用与美观是其两大特征，实用性是家具设计的前提和基础，艺术性是家具设计的重要手段。一方面，家具设计要注重功能的实用性和设计的人性化，要将人体工程学的测绘数据和研究成果应用于家具设计中，创造出符合人体功能尺寸，舒适、耐用的家具。另一方面，家具设计要运用艺术美学的造型法则，如统一与对比、均衡与协调、节奏与韵律等，不断创新家具的样式，提升家具的形式美感。

设计案例

设计大师维纳·潘东

维纳·潘东是丹麦重要的设计大师，其在家具设计、室内设计、展览设计、灯具设计及纺织品设计等领域都充分展现了自己的才华，被称为20世纪最富于想象力的设计大师。他的家具设计打破了北欧传统工艺的束缚，运用鲜艳的色彩和崭新的素材，开发出充满想象力的家具和灯饰。

19世纪60年代，维纳·潘东与美国米勒公司合作进行整体成型玻璃纤维增强塑料椅的研制工作。其代表作“潘东椅”采用强化聚酯的塑料一次模压成型，整体造型呈现出婀娜的“S”形，具有极强的雕塑感，色彩也十分艳丽，是时尚、前卫设计的象征，至今仍享有盛誉，也被称为“美人椅”。

图2-37　潘东椅

设计训练

训练任务：家具设计。

训练目的：通过本次训练，让学生掌握家具设计的理念，学会设计家具。

训练步骤：（1）选题。根据个人喜好，选择某种功能家具进行设计练习。

（2）完成项目分析、设计概念的来源及相应的空间形态策划方向，并在此基础上完成设计选题、方案说明。

（3）按照工作流程提交概念方案一份，方案要求平面图、草图（手绘或CAD）、效果图。

项目三

PROJECT THREE

灯饰的设计运用

DENGSHI DE SHEJI YUNYONG

学习目标

1. 了解灯饰的基本概念和分类。
2. 掌握不同室内空间的灯饰搭配技巧。

教学方法

1. 通过大量灯饰图片的展示与分析，让学生直观地感受灯饰的搭配技巧。
2. 采用案例分析法与实践教学法相结合的教学方式，培养学生的设计思维和创新能力，提高学生的灯饰搭配能力。

学习要点

1. 了解不同类型的灯饰造型和美学特征。
2. 能根据不同室内空间的使用要求合理地搭配灯饰。

任务一 了解灯饰的基本概念和分类

学习目标

1. 了解灯饰的基本概念和特点。
2. 了解灯饰的类型及不同类型灯饰的运用效果。

教学方法

1. 理论讲授结合图片分析，通过大量灯饰图片的展示与分析，让学生直观地感受不同类型的灯饰，提升学生的灯饰搭配能力。
2. 遵循教师为主导、学生为主体的原则，采用理论与实践相结合的教学方式，调动学生积极参与设计实践，培养学生对灯饰搭配效果的表述能力。

学习要点

1. 了解不同类型的灯饰的造型和美学特征。
2. 以实用性为基本前提设计室内灯饰。

一、灯饰的基本概念和特点

灯饰是指用于照明和装饰的灯具。在现代室内装饰中，灯具的作用已经不仅仅局限于照明，它在装饰、烘托室内气氛与空间风格塑造方面也发挥着重要作用。因此，灯饰的选择就要更加复杂，它不仅要求安全省电，还要考虑材质、种类、风格品位等诸多因素。一件好的灯饰，可以成为装修的灵魂，让整个室内空间焕然生辉。因此，灯饰的选择在室内装饰中显得非常重要。

总体来说，灯饰表现出以下特点。

（一）风格造型多样

灯饰的风格多样，主要有欧式、中式、现代和自然几种代表风格，其造型也随着不同的风格呈现出不同的特点。例如，欧式风格的灯饰造型复杂，做工精致，细节繁复，常用水晶、铜、镀金等作为灯具材料，显得雍容、华贵；现代风格的灯饰讲究流线型设计，形式多变，造型简洁，色彩明快，显得时尚、大方。

（二）讲究美观、实用，追求个性化

随着产品种类的日益丰富，灯饰的用途也更加广泛，除了传统意义上的照明和装饰作业，灯饰还是营造空间气氛的重要手段。随着人们物质生活水平和文化、审美能力的提高，强调自我、追求个性逐渐成为人们生活的理想目标，灯饰的设计与制作也在讲究美观、实用上追求个性化。

创意松果吊灯

（三）讲究文化内涵，节能环保

人们文化素养的提高，带动了装饰文化内涵的提升。灯饰作为软装饰的重要组成部分，对营造空间氛围起着重要的作用。例如，中式风格的灯饰可以通过自身独特的造型样式，强化中式风格的设计概念，还可以通过朦胧的照明方式，营造出温馨、儒雅、宁静的氛围。

随着人们环保意识的增强，环保设计和以环保材料制作的灯饰越来越普遍。在今后的空间装饰设计中，具有环保功能的灯饰会得到更加广泛的运用。此外，智能化也是灯饰未来的重点发展方向。

课堂互动

随着科技的发展和人们生活水平的提高，人们对照明提出了新的要求，除了要控制照明光源的发光时间、亮度，还要与家居子系统配合，对不同的场合营造相应的灯光场景，更要考虑管理智能化和操作简单化及灵活性来适应未来照明布局和控制方式变更等要求。请同学们谈谈你们对智能化灯饰的发展趋势及智能化灯饰会为生活带来的改变。

（四）追求多光源照明效果

灯饰的设计与搭配已经由过去的单光源照明逐渐过渡到多光源照明。这种变化表明，设计师已经意识到良好而健康的灯光设计对人们生活的影响。在单光源时代，室内空间往往由几盏灯统领全局，而多光源设计能够照顾到每一位使用者和每一种生活环境对灯光的需求。首先，直射的主光源提供了环境照明所需的、均匀的照度；其次，间接照明的辅助光源提供了柔和的局部照明和漫反射照明，对空间氛围的营造起到重要作用；最后，重点照明的点缀光源，强化了空间的局部景观，丰富了空间照明的层次。

图3-1　单光源灯饰

图3-2　多光源灯饰

二、灯饰的分类

现代室内装修中，人们越来越注重装饰给生活带来的美感和质感，构筑室内空间时，灯饰的巧设、光影的妙用显得非常重要。不同的灯饰类型，会营造出不同的室内气氛。灯饰的作用要通过造型、材质、色彩三大元素实现，只有灯具装饰造型与空间功能和装饰风格相统一，才能为空间画龙点睛，令室内空间的展现更加充分。灯饰按造型和功能可以分为吊灯、落地灯、吸顶灯、台灯、壁灯、筒灯和射灯等。

（一）吊灯

吊灯一般悬吊在天花板上，是最常采用的直接照明灯具，常用在大堂、客厅等公共活动场所，也是体现室内氛围的重要陈设。吊灯样式丰富，在选择时应与室内的整体风格相协调。例如，欧式风格的室内空间多选用造型复杂、做工精致的水晶吊灯来显示室内的奢华品质；而自然风格的室内空间则常选用木材、藤条等自然材料制成的灯具来体现休闲的氛围。吊灯的安装高度应根据室内空间的不同属性而有所区别：公共空间相对开阔，其最低安装高度一般不应小于2.5 m；居住空间不能低于2.2 m。

图3-3　吊灯样式展示

精选作品欣赏

图3-4　创意吊灯欣赏

（二）落地灯

落地灯是一种放置于地面上的灯具，移动便利，一般多放于客厅、休息区域，与沙发和茶几相互衬托。其作用是近距离照明和营造室内气氛，适合休闲阅读和会客之用。落地灯既可以担当一个小区域的主灯，又可以通过照度的不同和室内其他光源配合出光环境的变化。同时，落地灯还可以凭借自身独特的外观，成为一件不错的装饰品。

◀ 落地灯以黄铜来打造，照明光从曲面灯罩中倾泻而下，造型简洁又富有质感，能够轻松搭配各种居室风格

图3-5　落地灯欣赏

（三）吸顶灯

上方较平、安装时底部完全贴在屋顶上的灯具为吸顶灯。吸顶灯可使顶棚较亮，提升整个室内空间的明亮感，在视觉上增加层高，还可以防止直接照明产生的眩光。吸顶灯的选择要根据照明使用要求、顶棚构造和审美要求来综合考虑，其造型、布局、组合方式、色彩和材料等较丰富，选择范围较广。

图3-6　不同风格及造型的吸顶灯

（四）台灯

台灯是一种放置在写字台或茶几上，用于辅助照明的灯具。台灯的照射范围局限在台灯周围，相对比较小和集中，不会影响到整个房间的光线，便于阅读、学习、工作、节省能源。在现代轻装修、重装饰的理念下，台灯已经远远超越了其本身的价值，变成了一种艺术品。

创意台灯

图3-7　经典台灯样式

▶ 台灯造型独特美观，弧线设计使其装饰效果得到极大提升，在整个空间氛围的营造上起着不可忽视的作用

图3-8 台灯装饰效果欣赏

（五）壁灯

壁灯是一种安装在墙壁上，用于辅助照明的灯具。壁灯一般光线柔和，多用于卧室、阳台、楼梯及走廊过道。壁灯如安装在卧室的床头，能给卧室带来温馨的感觉；放在浴室做镜前灯能起

到局部照明的作用；阳台壁灯安装在阳台墙面上，起到照明的作用。在无法安装其他灯具的时候，也可以用壁灯来进行功能性照明，如楼梯间等不规则的空间。

作为一种补充型照明灯具，壁灯通常距地面不高，一般以离地面1.8 m为宜。壁灯主要有悬臂式和固定式两种样式：悬臂式是指壁灯与墙壁之间的连接件可以自由伸展、调节的样式；固定式是指将壁灯固定于墙上，不能自由调节高度和活动空间的样式。

精选作品欣赏

图3-9　壁灯样式

（六）筒灯

筒灯也称为钳顶灯，泛指嵌装在天花板内部的隐藏式灯具。其灯口一般与天花板衔接，灯光向下直射。筒灯的照射范围有限，常和其他灯具配合使用。筒灯可增加空间的柔和气氛，如果想营造温馨的感觉，可装设多盏筒灯，减轻空间压迫感。

图3-10　室内空间可用多盏筒灯营造出温馨、浪漫的氛围

（七）射灯

射灯是典型的无主灯、无定规模的现代流派照明，既可对室内整体照明起主导作用，又可局部采光，烘托气氛。射灯可自由变换角度，能根据室内照明的要求，灵活调整照射角度和强度，突出室内的局部特征：射灯所投射的光束，可集中于一幅画、一座雕塑、一盆花、一件精品摆设等，创造出丰富多彩、神韵奇异的光影效果。

▲ 排列整齐的水下射灯从下向上照射，形成独特的光影效果和宁谧的空间氛围

图3-11　光线直接照射在需要强调的物体上，可以突出主观审美，达到重点突出、环境独特、层次丰富、气氛浓郁、缤纷多彩的艺术效果

灯饰的常见风格

1. 现代式风格

现代风格的灯饰造型简约、时尚，追求形式的简洁和线条的流畅感，将抽象的美学构成运用到设计中。灯饰材质一般采用铝材、不锈钢或玻璃，色彩朴素，与现代简约型的室内装饰风格相搭配。

2. 欧洲巴洛克式风格

欧洲巴洛克式风格的灯饰在造型上讲究对称与重复的秩序感，通常以各色大理石、宝石、青铜、金、水晶等为主材料，采用金色、银色描边，强调以华丽的装饰、浓烈的色彩和精美的造型达到雍容华贵的装饰效果。

3. 美式风格

美式风格的灯饰是从欧式灯饰演变而来的，既有着欧洲的奢侈与贵气，又结合了美洲大陆的原始野性，表现出怀旧、贵气、自在、随意的风格。美式风格灯饰比欧洲古典灯饰简洁，兼具古典的造型与现代的线条感，多以铁艺、水晶、贝壳等为主材料，造型多变。

4. 地中海式风格

地中海式风格的灯饰以环地中海国家意大利、西班牙和希腊为代表，灯饰常以花朵为造型，运用多种色彩的玻璃装饰灯饰表面，呈现出浓厚的浪漫主义情怀。

5. 东南亚式风格

东南亚式风格的灯饰以自然、休闲和雅致为主要特征，材质以木、藤、竹为首选，多采用与宗教神话相关的芭蕉叶、大象、菩提树、莲花等造型。灯饰的色彩以浓郁的深色系为主，包括深棕色、褐色、金色、咖啡色等，受到西方设计风格影响后，浅色系也比较常见，如珍珠色、奶白色等，给人以明快、轻柔的感觉。

6. 田园式风格

田园式风格倡导“回归自然”，在田园式风格里，粗糙和破损是允许的，只有这样才更接近自然。灯饰用料常采用陶、木、石、藤、竹等天然材料，色彩不同，形态各异，力求表现出悠闲、舒畅的田园生活情趣。

7. 中式风格

中式风格的灯饰造型工整、严谨，外形端庄、典雅，色彩稳重、含蓄，展现出深厚的文化底蕴。灯饰的设计灵感多来源于中国民间典故、诗、小说等，材质的选用也承袭了很多中国元素，如竹、实木、漆画、丝绸、瓷、玉石等，竹子的坚韧之美、实木的深沉之美、丝绸的柔顺之美、瓷的素雅之美都能为中式风格灯饰锦上添花。中式灯饰配合中式传统的装饰格调，能营造出温馨、柔和、庄重和典雅的室内氛围。

不同风格灯饰图集

设计训练

训练任务：搜集灯饰资料，形成优质资源库。

训练目的：通过本次训练，让学生掌握搜集资料的能力，初步形成优质的灯饰资源库，以备查阅。

训练步骤：（1）分组。将全班学生分成5～6人/组的若干组。

（2）资料搜集。各小组学生利用课下时间搜集各种灯饰资料，搜集方式不只限于互联网，可以实地走访多家灯饰店面。

（3）整理归类。对搜集到的灯饰按风格、色彩、大小、功能、材质、价位等进行分类。

（4）汇总。将各个小组搜集到的灯饰进行汇总，形成由多个品牌组成的优质灯饰资源库，并挑选出当前国内乃至国际上排名靠前的灯饰品牌及相关信息，为实战做好充足准备。

任务二 掌握灯饰的搭配技巧

学习目标

1. 了解灯饰在不同室内空间中的搭配技巧。
2. 能根据不同室内空间的设计要求熟练地配搭灯饰。

教学方法

1. 采用案例分析法、头脑风暴法、小组讨论法等教学方式，调动学生积极参与课堂互动，提高学生的灯饰艺术审美能力。
2. 运用启发式教学模式调动学生的主动性，启发学生独立思考，发展学生的逻辑思维能力，培养学生独立搭配灯饰的能力。

学习要点

1. 合理利用自然光，巧用光线的反射原理，节约电力资源。
2. 根据室内整体装饰风格选用大小、造型、颜色、材质合适的灯饰。

在室内美化中，好的灯饰设计可以将实用功能与艺术效果融为一体，营造出舒适、华丽、简约等氛围，对人的心理或生理产生积极影响。因此，如何根据室内不同空间的照明需求，通过一定的搭配技巧，选择合适的灯饰是室内软装饰设计中非常重要的一环。

一、灯饰在不同室内空间中的运用

（一）玄关及走廊

玄关是居住环境和户外环境的一个过渡空间，使用频率较高，是人们进入居室后的第一个照明区域。一般来说，玄关的面积不大，光线应柔和明亮，可用暗装灯带、射灯、吊灯等灯具。

走廊是连接多个空间的走道，明亮的光线可以让走廊显得宽敞，也可以缓解因狭长造成的压迫感。走廊多用筒灯、射灯、壁灯营造光环境，灯饰造型要求简洁明快、雅致小巧，尽量避免使用过于繁复、艳丽的灯饰品。

图3-12　玄关及走廊灯饰

（二）客厅

客厅是家庭聚会、朋友会谈、家人休闲的重要场所，客厅灯具不仅仅要有照明的功能，还要担负起美化客厅、营造视觉焦点的作用。

客厅的灯光设计首先应考虑到空间层高，层高直接关系到灯光的运用及灯具的选择。一般来说，客厅的灯具宜选用装饰型的吊灯，局部配以筒灯、射灯、壁灯等进行辅助。层高不足2.7 m的客厅，灯具不宜选择吊灯，这类型的客厅更应该选择吸顶灯作为主灯，以增加视觉上的层高效果；层高在3 m左右的客厅，可选择一些样式简洁的吊灯；如果是层高在4.8 m以上挑高型大客厅，就可以选择一些大型的、层次较多的吊灯。

挑高空间吊灯效果欣赏

在客厅的灯光设计中，恰当地使用射灯进行装饰，以突出客厅内一些较为特殊的装饰品或造型能够起到画龙点睛的作用。另外，客厅还可采用可调光的落地灯或台灯作局部照明，它们的最大优点在于移动方便，功能性强，对于角落气氛的营造也十分实用。

图3-13　客厅灯饰效果

课堂互动

客厅是人们活动最为频繁的场所，因人们的审美差异，每个家庭中的灯饰效果都各不相同。请同学们谈谈自己家中客厅的灯饰效果（可从风格、颜色、造型、亮度、材质等方面分析），指出其优点和缺点，并提出改进意见。

（三）卧室

人一天当中的1/3时间是在睡眠中度过的，而作为休息、睡眠的第一场所，卧室直接影响到人的身心健康。与客厅需要较强的光源不同，卧室灯光应当以柔和、温馨为主，可利用落地灯、壁灯来代替中央的顶灯，选择暖色系的光源，使卧室充满恬静的感觉。如果有睡前阅读的习惯，可以在床头摆设台灯或壁灯，一盏别致的台灯或壁灯不仅有局部照明的作用，还能为卧室这个小环境起到意想不到的装饰效果。另外，还可在床头灯柜下安装脚灯，以免晚上开灯时受强光刺激。

图3-14 卧室灯饰效果

儿童房一般是儿童学习、游戏和休息的场所。由于儿童的眼睛还在发育过程中，因此，儿童房应安装一款光线柔和（灯光以黄色或暖色调为宜）的主灯，以保护他们的视力。除主照明灯外，儿童房还应布置一些壁灯、台灯、射灯等辅助装饰性照明，满足不同的照明需求。此外，儿童房所选灯具应在外形、颜色上考虑儿童的年龄、喜好，力求活泼可爱、生动有趣。

图3-15 色彩斑斓的卡通造型灯具充满了童真的幻想，让孩子在快乐的成长中培养更丰富的想象力

（四）厨房

在设计厨房灯饰搭配时，可以根据不同的照明需要选择白炽灯、柔光灯或聚光灯等。由于厨房对光照的特殊要求，白天光照不足的时候也要通过照明灯具保障正常操作。

为了让在厨房工作的人感觉舒适，从照明设计的角度来讲，厨房灯饰应满足以下要求：整体环境明亮简洁，局部照明满足清洗、烹饪、收纳的视觉需求，尽量不出现影响操作的阴影区域；整体格调呈现出温馨的氛围，局部照明灯具选用亮度较高的灯具，以满足精细操作的视觉要求；在灯具的发光颜色上，可以采用偏冷的色调，这样会让厨房显得更加清爽一些。

精选作品欣赏

图3-16　厨房需要足够的亮度，除了安装散射光的吸顶灯或吊灯外，用壁灯或筒灯作为局部照明，可以使厨房内操作所涉及的工作面、备餐台、洗涤台、角落等都有足够的光线

（五）餐厅

选择餐厅灯饰时，除了满足基本的照明需求外，更要注重进餐氛围的营造。从心理学的角度来讲，暖色系能够刺激食欲，暖色调的灯光还能烘托温馨、浪漫的居家氛围，因此，餐厅应尽量选择暖色调的灯具。一般来讲，餐厅灯具以悬挂在餐桌上方的吊灯效果最佳，其光线集中，具有凝聚视觉焦点的作用。如果餐厅空间面积狭小，餐桌靠近墙面，壁灯的运用就是最佳选择。餐厅的饮食卫生很重要，因此，餐厅灯具的灯罩宜选用便于清理的玻璃、塑料或金属材料，而不宜用织物灯罩或造型复杂、有吊坠物的灯罩。

◀ 金属色灯饰简洁大方，搭配米白色灯罩，投射在餐桌上的灯光能使食物更具光泽，提升就餐人员的食欲

▼ 彩绘玻璃是餐厅主墙，搭配从天花板悬垂而下的造型吊灯，成就温馨浪漫的用餐氛围

图3-17　餐厅灯饰搭配

（六）书房

书房是学习或工作的地方，在灯具的选择上，首先要考虑灯具的功能性，即满足一定的照度需求，宜选用带反射罩、下部开口的直射台灯。书房灯具的造型、色调应以典雅为宜，这样可以营造一种安宁、静谧的环境。

图3-18　书房灯饰

（七）卫浴间

卫浴间灯具不宜过多，一般整体照明宜选高度合适、光线柔和的光源。在化妆镜旁可以设置独立的照明灯具作为局部灯光补充，以增加温暖、宽敞、清新的感觉。卫浴间通常比较潮湿，所以在灯具的选择上，应当以具有可靠的防水性和安全性的玻璃或塑料密封灯具为主。此外，卫浴间灯具的造型不宜太过复杂，位置也不能太低。

空间大的卫浴间可以安装数盏壁灯，使每一处关键部位都能有明亮的灯光。面积小的卫浴间应把灯具安装在天花板正中央，给空间以扩大感。

图3-19　卫浴间灯饰效果

二、灯饰的搭配技巧

灯饰在搭配时应该注意以下几点：

（一）注重风格的整体协调性，同时可以利用特色灯饰形成对比效果

灯饰搭配时应注意灯饰的格调尽量要与室内的整体装饰风格相协调，如中式风格空间要配置中式风格的灯饰，欧式风格的空间要配置欧式风格的灯饰。在整体协调的基础上，可以利用造型独特、色彩突出的灯饰形成一定对比效果，达到画龙点睛的作用。如果需要进行混搭风格的配搭设计，将风格迥异的灯饰融入不同室内空间中，则必须找出灯饰与整体室内环境中的相近元素，如色彩、造型、装饰符号、材质等，形成灯饰与整体环境的局部呼应关系，这样才能使灯饰融入整体之中，不至于太突兀。

◀ 大小变化、错落有致的吊灯使空间更具活力

▶ 线性排列的灯饰使空间更具秩序感，营造出有序、优雅的用餐环境

◀ 彩色的吊灯使空间更加活跃

图3-20　灯饰在不同空间的搭配效果

（二）讲究主次有序、注重灯饰自身的装饰作用

灯饰搭配时应注意主次关系的表达。灯饰是依托室内整体空间和室内家具而存在的，室内空间中各界面的反光效果，室内家具的大小、样式和色彩，都对室内灯饰的搭配产生影响。因此，在选择灯饰时，要结合空间风格和家具材质等综合考虑。例如，在现代风格家居设计中，室内界面和家具材料多选用具有抛光效果的精装修材料，如抛光砖、大理石、玻璃和不锈钢等，选择灯饰时就可以选择造型别致、透光性较好的吊灯或壁灯，这样可以有效地突出灯饰的照明和灯光的反射效果，营造出明快的室内光环境。

灯饰搭配时还应充分考虑灯饰的大小、比例、造型样式、色彩和材质对室内空间效果造成的影响，如在方正的室内空间中可以选择圆形或曲线形的灯饰，使空间更具动感和活力；在较大的宴会空间，可以利用连排的、成组的吊灯，形成强烈的视觉冲击，增强空间的节奏感和韵律感；在独立的空间，可以利用体积较大的灯饰聚合空间，强化空间的整体感；在界面相对单调、色彩较为统一的空间，可以利用灯饰的独特造型或色彩形成视觉的焦点，弥补空间的单调与呆板。

（三）利用灯饰体现文化品位和内涵，营造优雅的人文环境

搭配灯饰时还应注意体现文化特色，与室内其他陈设一起组成具有文化韵味的组合陈设，展现一定的文化风貌。例如，中式风格的灯饰常与中式风格的家具、绘画、瓷器等组合成极具中式传统韵味的综合陈设，以此来营造整体空间氛围；一些泰式风格的度假酒店，也选用东南亚特制的竹编和藤编灯饰来装饰室内空间，给人以自然、休闲的感觉。

灯饰搭配欣赏

▼ 铁制灯体的流线设计搭配米白色灯罩，温馨个性。经典的黑白时尚，能轻松融入各种家居空间和风格

▶ 曲线形的墙纸使墙面更具动感，这种动态的视觉效果与前景静态的台灯、相框和工艺品的组合相映成趣，使此处陈设显现出动静相宜、曲直相间、层次分明的视觉美感

深色的柜子与白色的陈设品、台灯形成深浅的层次变化，增强了视觉的立体感和进深感

◀ 壁灯的金属边框与墙面金属装饰呼应，透明玻璃灯罩玲珑剔透，与床头柜上的花瓶、小鸟摆件相映成趣

▶ 造型简洁、质感透明的灯座极具现代主义简约、时尚的设计美感

图3-21 灯饰搭配效果1

▲ 圆形的灯饰与圆形的水缸上下呼应，同时灯饰自身独特的造型也聚合了空间，形成视觉的焦点和中心

▶ 对称布置的灯饰为空间带来均衡感，也使空间看上去更加稳定、庄重、典雅

◀ 星星点点的灯饰打破了空间的单调与统一，使空间更具活力和动感

▶ 高低错落、大小变化的点状灯具为空间增添了节奏感和韵律感，也使方正的空间多了一丝灵动的美感

图3-22 灯饰搭配效果2

◀ 蜡烛在特定的空间也可以作为灯饰使用，其传递出的独特视觉效果对于意境的营造和氛围的烘托有着特殊的作用

◀ 高低错落的吊灯为空间带来节奏感和韵律感

▼ 异形灯具的运用使方正的空间对了一丝随性，投射在沙发上的不规则阴影也营造出别样的氛围

图3-23 灯饰搭配效果3

▶ 帽子形状的吊灯成为空间的视觉焦点，为空间增添了活力和趣味

◀ 不规则灯具的使用为空间的禅意增添了别样的趣味

▲ 整齐排列的灯具增强了空间的秩序感

▲ 不规则灯带的使用使空间更加灵动、轻盈，增强了空间的活力和美感

▶ 油纸伞与灯笼式吊灯的组合极具民族风情，展现出浓郁的中式文化底蕴和气质

图3-24 灯饰搭配效果4

▶规则排列的灯具使空间更有秩序感，其独特的造型也增添了空间的视觉美感

图3-25　灯饰搭配效果5

▶ 高低错落的圆形吊灯形成的点的节奏感与木条叠加形成的线的韵律感相呼应，丰富了空间的视觉美感

▶ 酸奶为白色，酸奶吧以白色灯带创造出一种独特的视觉语言，让人能从视觉感受到酸奶的丝滑口感

图3-26 灯饰搭配效果6

◀ 方正室内空间的异形灯具不仅丰富了空间的视觉效果，还使空间更加生动、活泼，更富有趣味性

◀ 竹编吊灯的线条美感在白色背景墙的衬托下显得独特、新颖，有效地聚合了空间，形成空间的视觉中心

▲ 镂空的篮子在射灯灯光的照射下，表现出独特的光影效果，增强了墙面的立体感和层次感

▶ 对称布置的台灯使空间更加平衡，增强了空间的庄重感和稳定性

图3-27 灯饰搭配效果7

设计训练

训练任务：灯饰搭配训练。

训练目的：通过本次训练，让学生掌握灯饰搭配的基本技巧。

训练步骤：（1）分组。将全班学生分成6～7人/组的若干组。

（2）分配任务。各小组成员组内分为A、B组，A、B组成员互相提出想要的室内灯饰效果，由对方组成员根据任务一中搜集到的灯饰资源库进行搭配。

（3）成果展示与交流：各小组内的A、B组成员向对方展示搭配好的灯饰效果，小组成员可向对方组员提出不同意见并交流搭配思路，对灯饰搭配效果进行完善。

（4）灯饰效果汇报。每个小组派一位小组成员对本小组灯饰搭配效果进行汇报，汇报结束后，教师对各个小组的汇报结果进行评价。

项目四

PROJECT FOUR

掌握布艺搭配技巧

ZHANGWO BUYI DAPEI JIQIAO

学习目标

1. 了解布艺的基本概念和特点。
2. 了解布艺的主要风格样式。
3. 掌握布艺的搭配技巧。

教学方法

1. 理论讲授与案例分析相结合，通过大量经典的布艺图片的展示与分析，让学生直观地感受布艺的搭配技巧，提升学生的布艺搭配能力。
2. 以课堂讨论为主要教学方式，培养学生动手能力，提高学生的审美素养。

学习要点

1. 了解不同风格的布艺的美学特征。
2. 能根据室内空间的使用要求合理搭配布艺。

任务一　了解布艺的基本概念和风格分类

学习目标

1. 了解布艺的基本概念和特点。
2. 了解布艺的风格分类，并掌握各种布料的材质特性。

教学方法

1. 以不同风格的布艺搭配案例作为教学材料，由教师组织学生进行阅读、思考、分析、讨论和交流，加深学生对布艺风格的了解。
2. 组织学生感受各种布料的颜色、花纹、材质、弹力、遮光性，使学生对各种布料的特性形成基本认识。

学习要点

1. 能识别不同类别的布艺。
2. 掌握不同风格布艺的代表图案和纹样。

布艺是指以布为主要材料，经过艺术加工，达到一定的艺术效果与使用条件，满足人们生活需求的纺织类产品。布艺装饰具有极强的艺术表现力、多样化的风格、丰富的肌理质感，兼备实用性和装饰性，对家居风格的打造和居室品味的提升都具有重要作用。

一、布艺的特点

室内布艺包括窗帘、地毯、枕套、床罩、椅垫、靠垫、沙发套和桌布等。布艺风格多样、样式丰富，既具有突出的装饰效果，又具备防尘、吸音和隔音的功能，且便于更换和清洗。具体来说，布艺具有以下特点：

（一）风格众多，样式丰富

布艺的代表风格有欧式、现代中式、田园和现代等，其样式也随着不同的风格呈现出不同的特点。例如，欧式风格的布艺手工精美，图案繁复，常用棉、丝等材料，金、银、黄等色彩，显得奢华、绮丽，品质高贵，气度典雅；田园风格的布艺图案通常为大自然中的植物和动物形象，体现出浓郁的自然气息。

（二）色彩丰富，装饰效果突出

布艺可以根据室内空间的需要进行色彩和样式的多种组合，赋予室内空间更多的变化。例如，一些酒吧和咖啡厅利用暖色系的布艺做成天幕，软化室内天花板，柔化室内灯光，营造温馨、浪漫的情调；一些楼盘售楼部利用金色的布艺包裹室内外景观植物的根部，呈现出富丽堂皇的视觉效果。

（三）便于更换和清洗

布艺产品不仅装饰效果突出，而且有防尘、吸音和隔音效果，便于清洗和更换，这成为很多人选择布艺装饰的根本原因。例如，窗帘不仅具有装饰作用，而且还可以弱化噪音，柔化光线；地毯既可以吸收噪音，又可以软化地面质感。此外，布艺装饰能够精准地与季节合拍，随着季节的变换随时调整。

图4-1　轻盈的薄纱帘使空间隔而不断，可以营造出朦胧的视觉效果

课堂互动

选购布艺应考虑哪些因素？在这些因素中，你认为最重要的是什么？

精选作品欣赏

图4-2 布艺所展现的不同形态，使之呈现出不同的功能和语言表现，让其成为人们在居室生活中密不可分的重要部分

图4-3　不同颜色、图案的布艺的运用，使空间呈现出丰富的层次性，为单调的空间增添了一抹亮色

二、布艺风格

布艺是营造室内氛围最直观的物件，对室内装饰风格的烘托起主要作用。布艺风格主要分为欧式风格、现代中式风格、田园风格和现代风格。

（一）欧式风格

欧式风格的布艺用料讲究、做工精细，强调手工的精湛编织技巧和图案的繁琐、精细，其色彩华丽、贵气，充满强烈的动感效果，给人以奢华、富贵之感。

图4-4　欧式风格布艺华丽雍容

（二）现代中式风格

现代中式风格布艺偏好大气、沉稳的色彩，对中国古典装饰元素进行临摹、变形、扩张和拆分，使其在集成传统元素古色古香的气息的同时，更符合现代人的审美。

床品欣赏

图4-5　现代中式风格布艺以米色、杏色和浅金等清雅色调为主，图案上多采用流苏、盘扣、花鸟等传统元素，再借助印花、刺绣的工艺，给室内空间营造出一种典雅又极具内涵的美感

（三）田园风格

田园风格的布艺追求自然主义设计理念，常采用自然植物形象（如树叶、树枝、花瓣等）作为布艺的印花图案，色彩以清新、雅致的浅色系为主，展现出回归自然的品质和内涵。

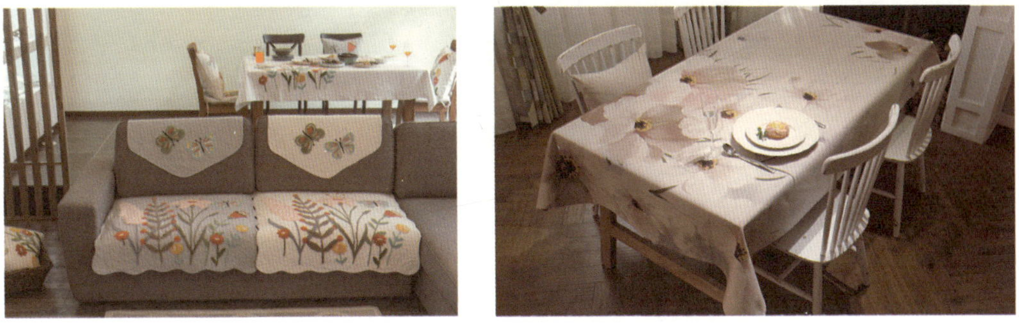

图4-6　田园风格布艺为空间带来几许自然气息

（四）现代风格

现代风格的布艺强调简洁、明快的特点，广泛运用点、线、面等抽象设计元素作为基础的设计元素，色彩以黑、白、灰等纯色为主调，体现出简约、时尚、轻松、闲适的感觉。

图4-7　现代风格布艺简约不简单

设计训练

训练任务：布艺感知——“摸”了才知道。

训练目的：通过对布艺最真实的视觉与触觉感受，让学生掌握不同布艺的颜色、花纹、材质等要素。

训练步骤：(1)分组。将全班学生分成3～4人/组的若干组。

(2)任务分配。学生实地去市场了解各种风格的布料。

(3)感知布料。各个小组成员调动视觉与触觉的感官感受各种布料的颜色、花纹、材质等，并根据这些布料的元素特征讨论其适用范围。

任务二 掌握布艺的搭配技巧

学习目标

1. 了解各类布艺的材质、花色、遮光性等基本特性。
2. 掌握布艺在不同空间的搭配技巧。

教学方法

1. 理论讲授与图片分析相结合，通过大量不同风格布艺搭配图片的展示与分析，让学生直观地感受布艺的搭配技巧，提升学生的布艺搭配能力。
2. 学生在对同一案例进行设计的过程中，设计思路、设计手法各不相同，加强实训及研讨环节的训练，充分展示学生的设计思路，使学生学会聆听他人的声音，取长补短，扩展思维，激发设计灵感，提升布艺搭配的创新能力。

学习要点

1. 以舒适性为基础设计布艺。
2. 能根据室内空间的不同风格搭配布艺。

一、布艺在室内空间的应用

根据在室内空间的不同功能，布艺可以分为窗帘、地毯、床品和家具类。

（一）窗帘

窗帘能够很好地控制室内光线、增加房间私密性和遮挡灰尘，是现代居室中不可或缺的软装饰物品。现代住宅在设计户型时，出于对采光和通风的考虑，窗户面积设计都相对较大，因此，窗帘几乎可以说是家居中面积最大的布艺装饰，对居室整体风格的营造有着重要影响。

深色的窗帘显得庄重大方，而浅色调、透光性强的薄窗帘则能够营造出一种简洁、明亮的视觉效果。搭配窗帘时还应根据室内不同的装饰风格选择相应的窗帘款式、颜色和花型。例如，白色的意式沙发上经常会使用粉红色和绿色的花纹，窗帘就不妨选用粉红色或绿色的布料，能够与之呼应。如果室内色调柔和，并为了使窗帘更具装饰效果，可采用强烈对比的手法，比如鹅黄色的墙壁搭配蓝紫色的窗帘；反之，如果室内已有色彩鲜明的风景画或其他颜色浓艳的装饰物、家具等，窗帘最好素雅一点。

窗帘的材质主要有纱、棉布、丝绸、呢绒等，应根据空间的不同用途及光照情况来选择：采光不好的空间可用轻质、透明的纱帘，以增加室内亮度；光照较强的空间可用厚实、透光性较弱的窗帘，以减弱室内亮度；室外噪声较大时，折皱多、厚重的窗帘隔声效果最佳。

窗帘巧搭配，
让爱家焕然一新

窗帘款式分类

窗帘的款式包括开合帘、罗马帘、卷帘、垂直帘和百叶帘等。

（1）开合帘：帘身可沿轨道平行移动，一般为双幅，是最常用的样式之一，多用在卧室或客厅中。

（2）罗马帘：可在绳索的牵引下做上下移动，因出自古罗马，故而得名罗马帘。罗马帘层次感强，具有独特的美感和装饰效果。

（3）卷帘：帘身挺括，可随着卷轴的卷动做上下升降。卷帘一般为无纺布材质，透而不亮，一般用在餐厅、办公室、卫生间等场所，主要起到阻挡视线的作用。

（4）垂直帘：因叶片一片片垂直悬挂于上轨而得名，可通过左右摆动达到调光目的。垂直帘幽雅、大方、线条明快，多用于局部分隔。其主要材料有水晶、玻璃、棉线和铁艺等，具有较强的装饰效果。

（5）百叶帘：可用拉绳调整角度及上下移动，是一种通透、灵活的窗帘，可应用于办公空间、书房、卫生间、厨房等场所。

▲ 开合帘

▲ 罗马帘

▲ 垂直帘

▲ 卷帘

▲ 百叶帘

图4-8　窗帘类型

精选作品欣赏

▲ 明黄色与浅咖色的窗帘搭配彰显出一种不张扬的时尚与简约

▲ 灰蓝色和胡桃木色是主调，搭配同款纱帘和浅色床品，使整个空间更有质感

图4-9　窗帘搭配效果展示

（二）地毯

地毯是室内铺设类布艺制品，广泛用于室内装饰。地毯不仅视觉效果好，艺术美感强，还可以吸收噪声，创造安静的室内气氛。此外，地毯有别于如大理石、瓷砖等硬性地面铺装材料，不易滑倒或磕碰，适合家里有儿童、老人的家庭。一般来说，客厅、卧室的地毯搭配有以下注意事项：

（1）客厅：客厅的地毯宜选择厚重、耐磨的地毯，受客厅大小及明暗度的影响，面积大、光线明亮的厅室选择深色的地毯更加适宜，而小客厅则适宜用浅色地毯，视觉上会显得更加明亮。

家居设计与地毯的搭配

（2）卧室：卧室的地毯要营造温馨、舒适的气氛，地毯的质地十分重要，可以铺设纯毛地毯。另外卧室地毯无需过于庞大，只需在床边铺一小块即可，在夏季时也可用草编的凉席代替，使双脚不会直接感受地板的冰冷。儿童房则可以选用带有卡通人物图案的地毯。

▲ 中式风格的地毯在为空间增添活力和色彩的同时，让人们感受传统装饰元素的魅力

▶ 迷宫图一样的地毯为空间增添了很大的趣味性，复杂的图案形成视觉上的冲击力，大胆而张扬

图4-10 地毯装饰效果

地毯分类

地毯按材质可以分为纯毛地毯、混纺地毯、合成纤维地毯、塑料地毯等。

（1）纯毛地毯：采用动物毛发制成的地毯，如纯羊毛地毯，可使室内空间呈现出华贵、典雅的气氛。纯毛地毯的优点是抗静电性好，隔热性强，不易老化、磨损、褪色；其不足之处是易受潮发霉。所以，使用纯毛地毯的空间要保持通风和干燥。

（2）混纺地毯：在纯毛地毯纤维中加入一定比例的化学纤维制成的地毯。这种地毯在图案、色泽和质地等方面与纯毛地毯差别不大，装饰效果好，且克服了纯毛地毯不耐虫蛀的缺点，同时提高了地毯的耐磨性，有吸音、保温、弹性好、舒适度高等特点。

（3）合成纤维地毯：有尼龙（锦纶）、聚丙烯（丙纶）、聚丙烯腈（腈纶）、聚酯（涤纶）等不同种类。合成纤维地毯的外观与手感类似羊毛地毯，耐磨而富弹性，具有防污、防虫蛀等特点，且价格低廉；缺点是易产生静电和吸附灰尘。

（4）塑料地毯：质地较轻、手感硬、易老化，具有防滑、色彩鲜艳、耐湿、耐腐蚀、阻燃性好、易清洗、价格低廉等特点。塑料地毯可用作进门脚垫，也可用于浴室起防滑作用。

地毯纹样展示

图4-11　地毯纹样展示

精选作品欣赏

◀ 天然环保的黄麻材质，保持了自然原始的风情，同时具备吸尘、隔音、抗静电的功能

清新的天然麻材，让色彩的层次感细腻而有质感，一种全新的现代几何纹样，带着略显神秘与内敛的气息扑面而来

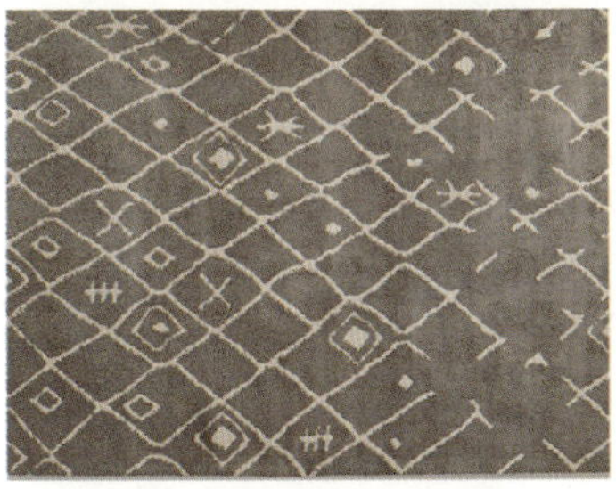

◀ 超细纤维地毯，触感柔软，吸湿性强，不易褪色，易清洗，仿甲骨文的原始线条设计颇具复古之感

灰白调的原始线条赋予了地毯独特的魅力，时尚百搭

图4-12　地毯搭配效果欣赏1

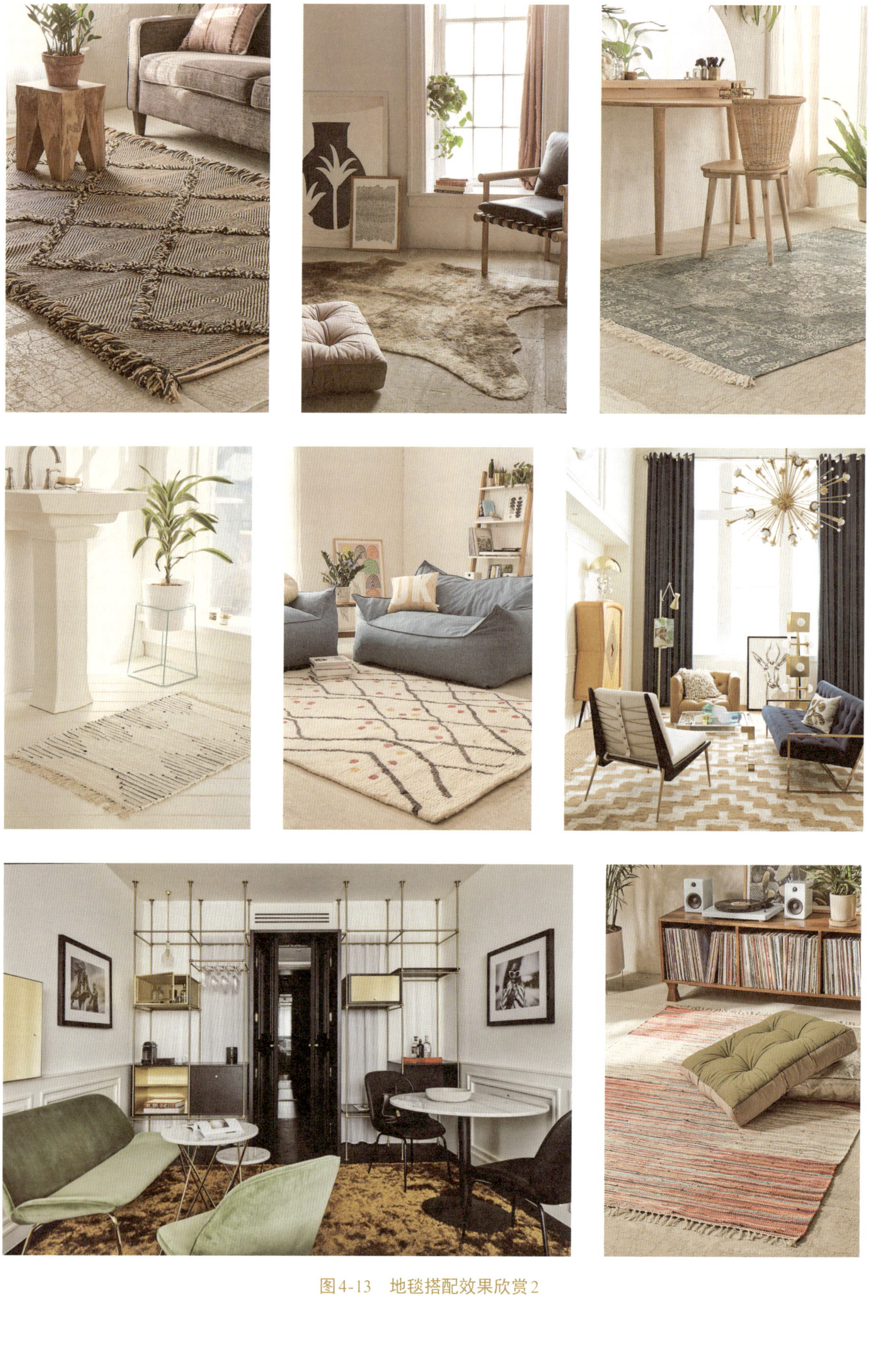

图4-13　地毯搭配效果欣赏2

（三）床品

床在卧室中占有较大的面积，是营造居室氛围最直观的物件，床品的花色、面料质地的选择对室内空间风格的营造具有重要影响。

◀ 明快的黄色与时尚的褐色相呼应，床品的扎染效果具有强烈的视觉抽象感，能提供更多的搭配可能性

▼ 被套和枕套均为双面设计，一面是明亮的黄色印花，一面是含蓄的褐色扎染，不同色彩能营造出不同的视觉效果

图4-14　床品搭配效果欣赏1

精选作品欣赏

◀ 直线条撞色拼接效果的被面搭配深色波浪花纹的抱枕，形成色彩和纹样的双重碰撞，丰富视觉效果

图4-15　床品搭配效果欣赏2

（四）家具类布艺

家具类布艺必须依附于其他物件而存在，主要包括沙发套、沙发布、椅垫、椅套、台布等，具有保护和装饰的双重作用。家具类布艺与所依附的物件共同组成完整的装饰物，因此，覆罩类织物在材质、色彩、风格、造型、元素上要与室内其他物品和谐、统一。

精选作品欣赏

图4-16　家具类布艺展示

二、布艺搭配技巧

（一）强调与室内整体设计风格的协调性

布艺搭配时应注意布艺的风格要与室内整体环境相协调，如中式风格室内要配搭中式风格的布艺，欧式风格的室内要配搭欧式风格的布艺。在整体格调和样式基本一致的前提下，还可以尽量发掘出对比的元素，如色彩的对比、面料质感的对比、花纹图案的对比等，通过小范围的对比活跃空间，增添空间的情趣和艺术魅力。

（二）充分展现布艺制品的柔软质感，软化室内空间

搭配室内布艺时要充分利用布艺制品柔软的质感对室内硬质的装饰材料进行软化，提升空间的舒适度。例如，一些餐饮空间天花板过高会成空间的疏离感，这时可以利用悬挂布艺天幕的方式柔化硬质天花板，填充空间。

▲ 用绿色纱布装饰的天花板造型新颖、独特，搭配仿芭蕉叶形状的窗帘盒，极具异域风情

▲ 色彩丰富的布艺沙发增添了空间的活力和艺术情趣，也丰富了空间的视觉美感

图4-17　布艺搭配效果展示1

（三）利用布艺调节空间效果

布艺可以调节空间的视觉效果：花色较大、较多且颜色较深的布艺可以使室内空间更加紧凑；反之，花色较小、较少且颜色较浅的布艺，则具有扩展空间的作用。此外，室内布艺的图案对调节室内空间的高度也有作用，如竖向条纹的布艺制品可以使室内空间看上去更高；而横向条

纹的布艺制品则可以使室内空间看上去更宽。

如果室内整体空间和家具的色彩较朴素，样式较简单，则室内布艺的款式、花色可以丰富一些，防止空间太过单调；在KTV、舞厅等娱乐空间中，则可以利用色彩艳丽的布艺软包制品，达到炫目的视觉效果。

精选作品欣赏

▲ 梅花壁纸和地毯相互呼应，表现出中式传统文化特有的风韵

▲ 亮黄色的沙发与花色丰富的靠垫、地毯形成强烈的色彩对比，丰富了空间层次

▲ 多姿多彩的印花布艺壁挂丰富了墙面的视觉效果，使空间更具动感和活力

▲ 同色系的窗帘和桌布形成色彩上的呼应，与图案的对比有机结合起来，形成“大协调、小对比”的视觉效果

图4-18　布艺搭配效果展示2

图4-19　布艺搭配效果展示3

图4-20　布艺搭配效果展示4

▲ 京剧戏服作为布艺壁挂，京剧脸谱作为椅子靠背的布艺图案，民族元素的融入为空间增添了几分传统文化底蕴

▲ 中国画图案的椅子靠背和布艺鸟笼吊灯强化了中式风格氛围

图4-21　中式布艺欣赏

设计训练

训练任务：布艺搭配技巧训练。

训练目的：通过本次训练，使学生初步掌握布艺搭配方法。

训练步骤：（1）分组。将全班学生分成4～5人/组的若干组。其中，2人为甲方，其余人为乙方。

（2）任务分配。甲方学生向乙方学生提供室内硬装环境及家具类软装布置，并提出布艺装饰要求；乙方根据甲方提供的资料搭配布艺效果。

（3）双方交流（10 min～20 min）。甲方对乙方的布艺搭配效果提出改进意见，双方进行协商，确定最终搭配方案。

项目五

PROJECT FIVE

陈设品的设计运用

CHENSHEPIN DE SHEJI YUNYONG

学习目标

1. 了解陈设品的基本概念和分类。
2. 掌握陈设品的搭配技巧。

教学方法

1. 理论讲授结合案例图片分析，通过大量室内陈设品图片的展示与分析，让学生更加直观地感受室内陈设品的搭配技巧，提升学生的陈设品欣赏能力。
2. 遵循教师为主导、学生为主体的原则，采用案例分析法、课堂练习法、头脑风暴法等教学方式，使学生积极参与练习，提高学生的陈设品搭配能力。

学习要点

1. 了解不同类别的陈设品的美学特征。
2. 能根据室内空间的使用要求合理地搭配陈设品。

任务一 了解陈设品的基本概念和分类

学习目标

1. 了解陈设品的基本概念。
2. 认识不同类型的陈设品。

教学方法

1. 理论讲解结合图片分析，通过大量陈设品图片的展示与分析，让学生直观地感受陈设品的美学特征，提升学生的陈设品欣赏能力。
2. 遵循教师为主导、学生为主体的原则，采用理论与实践相结合的教学方式，通过技能训练和视觉效果引导，激发学生的学习兴趣。

学习要点

1. 了解不同类别的陈设品的美学特征。
2. 能初步掌握不同材质、颜色、尺寸的陈设品的装饰效果。

一、陈设品的概念

陈设品是指用来美化或强化视觉效果的、具有观赏价值或文化意义的物品。一件物品只有当其具有文化意义、又具备被摆设的条件时，才能称之为陈设品。陈设品的范围非常广泛，形式也多种多样，但不论时代如何发展，陈设品都始终以表达一定的思想内涵和精神文化为着眼点，并起着其他物质功能无法替代的作用。陈设品对室内空间形象的塑造、气氛的表达、环境的渲染起着锦上添花、画龙点睛的作用，是完整的室内空间必不可少的内容，因而陈设品的展示，必须和室内其他物件相互协调、配合，不能孤立存在。

陈设品欣赏

创意花瓶欣赏

▲ 花瓶以瓷器器皿为胎，用纤细柔软的竹丝依胎成形，所有接头之处都藏而不漏，浑然一体

▲ 水滴瓶圆润饱满，给生活带来丝丝禅意，随心插上一支花，一片叶，甚至一支枯枝，都是一番独特的景致

▲ 如同美人身段一般的造型，展现了古典的东方美，完整的竹编肌理包裹凸显了工艺感

▲ 花瓶造型小巧，形状圆润，配合插入其中的枝叶和小花，展现出了一种别样的趣味

图5-1　瓷胎竹编花瓶欣赏

课堂互动

现代社会的人们久居于钢筋混凝土构建的空间中，与自然环境越来越远，他们对清新的空间和自然要素的诉求也越发强烈，请同学们讨论如何在室内空间注入自然气息。

二、陈设品分类

陈设品从使用角度上可分为功能性陈设（如餐具、茶具和生活日用品等）和装饰性陈设（如艺术品、工艺品、花品和挂画等）。

（一）餐具

餐具是指就餐时所使用的器皿和用具，是餐厅的重要陈设品，其风格要与餐厅的整体设计风格相协调，更要衬托主人的身份、地位、审美品位和生活习惯。一套形式美观且工艺考究的餐具还可以调节人们进餐时的心情，增加食欲。餐具主要分为中式和西式两大类，中式餐具包括碗、碟、盘、勺、筷、匙、杯等，材质以陶瓷、金属为主；西式餐具包括刀、叉、匙、盘、碟、杯、餐巾、烛台等，材料以铜、金、银、陶瓷为主。

▶ 日式鱼盘——装饰化繁为简，瓷面厚重温柔，彰显的不仅是闲适简约，还有家居生活的时尚感

图5-2　餐具样式展示

精选作品欣赏

图5-3 无论是简约质朴的日式餐厅，或是精致时尚的现代餐厅，抑或沉稳大气的中式餐厅，合适的餐具都为居家生活带来浓浓的幸福感

图5-4　精美的餐具不仅是生活方式的呈现，也是一种视觉享受，更让生活充满了情趣

（二）茶具

茶具亦称茶器或茗器，是指饮茶用的器具，包括茶台、茶壶、茶杯和茶勺等，其主要材料为陶和瓷，以江苏宜兴的紫砂茶具、江西景德镇的瓷器茶具等为代表。

紫砂茶具由陶器发展而成，是一种新质陶器。江苏宜兴的紫砂茶具是用江苏宜兴南部埋藏的一种特殊陶土，即紫金泥烧制而成的。这种陶土含铁量大，有良好的可塑性，色泽为古铜色和淡墨色，符合中国传统的含蓄、内敛的审美要求。同时，这种茶具的质地也非常适合泡茶，具有“泡茶不走味，贮茶不变色，盛暑不易馊”三大特点，从古至今一直为品茶人所钟爱。

瓷器是中国文明的一面旗帜，瓷器之美，可让品茶者享受到整个品茶活动的意境美。瓷质茶具幽靓典雅、造型精巧、瓷质细腻、釉色纯净，能充分体现出中国传统文化的精髓。

▲ 紫砂壶以古朴典雅的艺术风格和保持茶的色、香、味的特点，使人们大为赞赏

图5-5　传统茶具秉承了古代美学和儒释道文化思想，造型以圆形为主，讲究对称与协调相统一，尽显了茶具精湛的制作工艺，同时还能作为居室内的装饰物件为室内空间增添意境

图5-6　饮茶之道非常注重茶具本身的艺术性，一套精致的陶瓷茶具配合色、香、味三绝的茗茶，可谓相得益彰；玻璃茶具质地透明，冲泡茶叶时，杯中轻雾缥缈、茶芽上下沉浮，别有风趣

（三）生活日用品

生活日用品是指人们日常生活中使用的物品，如水杯、镜子、牙刷、开瓶器等。如今，许多

创意性的生活日用品不仅具有实用功能，还可以为日常生活增添几分生机和情趣。

创意作品欣赏

图5-7　创意生活日用品

（四）艺术品和工艺品

艺术品和工艺品是室内常用的装饰品。艺术品包括绘画、书法、雕塑和摄影等，有极强的艺术欣赏价值和审美价值。在选择艺术品时，要注意与室内风格相协调，欧式古典风格室内中应布置西方的绘画（油画、水彩画）和雕塑作品；中式古典风格室内中应布置中国传统绘画（花鸟画、人物画和山水画）和书法作品。需要注意的是，中国的书画必须要进行装裱，才能用于装饰室内空间。

工艺品主要包括瓷器、花艺、竹编、草编、挂毯、木雕、石雕、盆景等，还有泥人、面人、剪纸、刺绣、织锦等民间工艺品。其中，陶瓷制品特别受人们喜爱，它集艺术性、观赏性和实用性为一体，在室内放置陶瓷制品，可以体现出优雅脱俗的效果。陶瓷品种分两类：一类为装饰性陶瓷，主要用于摆设；另一类是集观赏和实用相结合的陶瓷，如陶瓷水壶、陶瓷碗、陶瓷杯等。

90后小夫妻的
法式甜蜜

▲ 仿珊瑚形状的绿色玻璃饰品柔美多姿、晶莹剔透，极具装饰美感和视觉吸引力；木桩形的书夹粗犷大方，与精致的玻璃器皿形成质感上的对比，丰富了视觉效果

▲ 左侧造型圆润、颜色古朴的摆件与右侧造型方正、颜色鲜亮的小礼盒摆件形成强烈的视觉对比

▲ 高低错落的透明玻璃器皿造型圆润、明亮透彻，与横向造型的圆盘和花瓶形成体积和尺寸上的高低、粗细变化

▲ 体态多姿的蝴蝶兰造型优美，与坚硬的玻璃和陶瓷器皿形成刚与柔的对比；水纹造型的白色陶瓷茶具动感十足，突出了此组陈设刚柔变化的主题

图5-8 桌面摆件搭配设计

花艺

花是美好、幸福的象征，用花艺来点缀室内空间体现出了人们向往美好生活的人生态度。作为一种重要的室内陈设品和社交礼品，花艺已经逐渐成为人们生活中不可或缺的一部分。

图5-9 花艺欣赏

但需要注意的是，花艺设计的核心并不在于花型独立的个体与姿态，更多的是注重它与整体空间的协调感和搭配感。只有在了解花艺用途和摆放位置，进而了解摆放环境的大小、情调和色彩、灯光等具体情况的基础上，才能确定花艺的花型及花材。

精选作品欣赏

图5-10　艺术陶瓷作为艺术品具有较高的艺术价值；另一方面，它以实用的形式满足人们的使用需求，同时起到室内装饰和点缀环境的作用

图5-11　新中式花艺的古典之美意蕴深长，兼具现代之明丽，花叶触及之处，满是长长的遐想与回味

图5-12　中式工艺品欣赏1

图5-13　中式工艺品欣赏2

图5-14　地方特色工艺品

图5-15　现代工艺品欣赏

设计训练

训练任务：装饰画市场调查。

训练目的：目前市场上的装饰画有漆画、油画、丙烯画、国画、版画、镶嵌画、布艺贴画等，其形式可单幅也可多幅为一组，其表现对象从风景山水到花鸟、人物和景物，丰富多样。通过本次训练，能使学生了解不同类型的装饰画的表现形式，掌握其适用范围。

训练步骤：（1）分组。将全班学生分成4～5人/组的若干组。

（2）分配任务。调查不同种类的装饰画（可通过风格、色彩、图样和材料进行分析）适合哪些不同个性、职业、年龄和爱好的人。

（3）总结。各组将调查资料汇总后进行总结。

（4）调查结果分享。各小组选出一名代表分享调查结果。

任务二 掌握陈设品的搭配技巧

学习目标

1. 掌握陈设品的搭配技巧。
2. 能根据室内空间的需求合理地搭配陈设品。

教学方法

1. 以陈设品图片的展示与分析为切入点，让学生直观地感受陈设品的搭配技巧，提升学生的陈设品搭配能力。
2. 采用理论与实践相结合的教学方式，使学生积极参与设计实践，培养学生的分析和动手能力。

学习要点

1. 了解陈设品在不同界面的搭配技巧。
2. 能根据室内空间的装饰效果合理选择陈设品，增加室内陈设亮点，强化室内设计风格。

一、陈设品在室内空间的运用

陈设品根据在室内的摆放方式可分为墙面装饰和台面装饰两类。

（一）墙面装饰

在室内空间中，墙面是整个空间的大背景，由于各个墙面所属空间的功能不同，对各分区的装饰要求也不尽相同。墙面装饰材料不仅包括软性的壁纸、纺织布艺等，还包括装饰画、相框、钟表等饰物。装饰材料不仅本身极具装饰性，更可以根据墙面空间的大小、形状、主人的生活习惯和情趣爱好等体现出个性化的生活品位，对塑造个性装饰、渲染家居氛围都会起到锦上添花、画龙点睛的作用。陈设品和墙面之间的大小和比例关系是十分重要的，切忌密布满饰，而要适度留白。

装饰画带来的空间延伸感

◀ 大面积的毛石墙面体现出一种原始的粗犷质感，大小错落、表面光滑的黑色相框悬挂在墙面上，形成质感的对比，使墙面的视觉效果更加丰富多彩

▶ 大小不同、色彩各异的画框丰富了墙面的装饰效果，空的画框给人以无限遐想

图5-16　多个装饰画、相框等陈设品在悬挂时要形成视觉上的均衡，避免头重脚轻、左右失衡

创意墙饰欣赏

图5-17　不同风格、造型的墙饰强化了室内装饰的风格，也体现了主人的品位与兴趣

（二）台面装饰

台面装饰是指摆放在餐桌、办公桌、茶几、柜子等台面上的花瓶、托盘、果盘、相框、茶具、书籍等物品。台面装饰一般宜选择宜于细致欣赏的物件，并可按时节或根据心情随时更换。日用品常与家具配套购置，选用和桌面协调的形状、色彩和质地，能起到画龙点睛的作用。

台面装饰欣赏

图5-18　台面陈设品欣赏

▲ 仿树枝形的花瓶造型独特、新颖，搭配几朵小花，焕发出蓬勃生机

▲ 桌几上的插花美化了空间环境，营造出温馨、浪漫的氛围

◀ 透明玻璃花瓶中插入几支枯枝，极具自然气息

◀ 天然芒果木的独特纹理给人以生生不息之感，既可摆放绿植，亦可用来储物

▶ 花瓶以钻石为设计灵感，柔和的透明色，别致个性的造型，除了作为花瓶使用外，单纯作为摆件也能为空间增添不少亮色

图5-19　台面陈设品搭配欣赏

地面装饰

除了墙面装饰和台面装饰，还有一些大型的装饰品，如雕塑、瓷瓶、绿化等，常落地布置。这些大型装饰品布置在大厅中央可以成为视觉的中心，最为引人注目，也可放置在厅室的角落、墙边或出入口旁、走道尽头等位置作为重点装饰，或起到视觉上的引导和对比作用。需要注意的是，大型落地陈设品的放置不应妨碍人们工作和通行。

图5-20　地面陈设品装饰效果

二、陈设品的搭配技巧

（一）注重整体风格的协调性

搭配室内陈设品时应注意，陈设品的格调要与室内的整体环境相协调，一般情况下，中式风格空间要配置中式风格的陈设品，欧式风格的室内环境要配置欧式风格的陈设品。若选择混搭，则要找出陈设品与室内空间其他软装物品的共同点或相近元素，避免陈设品与室内其他物品产生隔离感。

餐厅设计——黑白极简

（二）利用陈设品丰富空间的层次，增添空间的情趣

搭配陈设品时应注意主次关系的表达。陈设品是依托室内整体空间和室内家具而存在的，室内空间中各界面的处理效果，如室内家具的大小、样式和色彩，都会对陈设品的搭配产生影响。因此，搭配陈设品时应充分考虑陈设品的大小、比例、造型、色彩和材质与室内整体空间界面、家具的主次关系，在保证整体协调的前提下，使室内陈设品成为室内的“点睛之笔”，增添室内空间的情趣。例如，室内整体空间界面、家具呈素雅的暖灰色，则陈设品可以采用鲜艳的纯色，通过色彩表现突出的视觉效果；若室内整体空间的界面、家具为光洁材质，则陈设品可以采用粗犷的材质，通过材料的不同质感突出对比效果。

温馨小复式——春华秋实

（三）利用陈设品体现文化品位，营造室内人文环境

搭配陈设品还应注意体现文化品位。例如，国内的许多酒店常用陶瓷、景泰蓝、唐三彩、中国画和书法等具有中国传统文化特色的陈设品来体现中国文化的魅力，使许多外国游客流连忘返。盆景和插花也是室内常用的陈设品，植物花卉的色彩让人犹如置身于大自然，给人以生机勃勃之感。

图5-21　陈设品搭配效果欣赏

精选作品欣赏

◀ 纵横交错的蓝色管线在灰色背景的衬托下格外引人注目，表现出强烈的装饰美感和韵律感，使室内空间充满活力和激情。同时，营造出如时空隧道般的穿梭感，表现出时尚、潮流、创意的空间品格和个性

图5-22　陈设品搭配设计1

▲ 树枝做成的圆形水果托盘显得自然、淳朴

▲ 树枝做成的小鸟屋精巧、别致，极具自然气息

▶ 透明玻璃材质的鸟巢显得独特而新颖

▼ 铜质的花形装饰烛台质朴、典雅，古色古香

◀ 大面积灰色调的呈现富有现代气息，几何切割的墙饰形成强有力的视觉冲击。金属吊灯以柔和的圆弧曲线在天花板延展开来，形成诗一般的闪光点

深蓝色沙发凸显尊贵，又不失雅韵，散发着舒适的味道，并且打破米白与灰色所营造的内敛沉静氛围，令整个空间动静皆宜。抽象画的背景装饰耐人寻味，既与沙发颜色呼应，也使空间具有韵律感

图5-23　陈设品搭配设计2

▶ 对称并置的挂画稳定、庄重，深色的画框与浅色墙面的组合增强了空间的层次感

▲ 布局规整的照片墙突显一种庄重、典雅、大气的风范

▲ 不锈钢材质的烛台配合白瓷餐具，显得明快硬朗

▲ 餐桌上的插花美化了环境，与地毯的黄色相呼应，营造出温馨、浪漫的就餐氛围

▲ 蓝色渐变挂画营造出一种静谧的空间氛围，搭配绿植和插花，给人以生机勃勃之感

图5-24　陈设品搭配设计3

▼ 餐厅以黑白灰为主色调，加入大量树木装点，融入“鸟”的元素，着重体现“自然”的概念。大量昏黄射灯的使用，营造出浓郁的原生态气息，使客人置身于这个静谧花园内能够感受到生命的力量，提升用餐体验

◀ 天花板上暴露的钢结构和墙面装饰的齿轮及钢网都表现出工业风酒吧特有的韵味

◀ 利用交错的麻绳分隔空间，配合青砖和木桌椅，营造出安静、复古的空间氛围

图5-25 陈设品搭配设计4

◀ 金枪鱼餐厅——天花板和墙面用蓝色营造出一种身处海洋深处的感觉。半透明窗帘则增强了空间深邃、灵动、动感的气氛。木质餐桌的有机型桌面就像切下的不同形状的金枪鱼肉片，而座椅内面为类似于金枪鱼肉的红色，和深蓝色的空间形成了强烈的对比。餐厅中的另一个亮点是那些似乎在头顶上游泳的“鱼群”，使这种沉浸在海洋中的感觉更加强烈

▶ 老式的绿皮车厢为空间增添了几许怀旧气氛

▶ 餐馆以灰、白、木色三种颜色为主要基调，绿色作为点缀之笔。灰色的水泥地面，白色刷漆的铁艺和木色松木板混搭的餐桌椅，在灯光交织下形成强烈对比。白色的天花板连接着树状木龙骨支架，更是在简洁中彰显高雅

◀ 老式的弧形窗配合墙壁上的报纸，传递出浓郁的生活气息

图5-26　陈设品搭配设计5

◀ 羽毛形状的塑料片大面积悬挂于天花板之上，形成强烈的视觉冲击力，并柔化了空间形态，使空间更具亲和力

▶ 仿树枝形的装饰立面造型为空间带来几许自然气息

▲ 水池中心的木桩陈设形成视觉的焦点，在灯光的衬托下，其视觉中心的效果更加明显

▲ 干枯的树枝、破旧的古船营造出怀旧的情调

图5-27　陈设品搭配设计6

◀ 倒挂于天花板上的国际象棋造型使空间显得新奇、独特。轮胎造型的座椅也为多彩的空间增添了趣味和活力

▶ 秋千状的座椅为空间增添了趣味，地面的仿轮胎痕迹使空间更加贴近生活

图5-28　陈设品搭配设计7

设计训练

训练任务：陈设品搭配技巧训练。

训练目的：通过本次训练，让学生能分辨陈设品搭配是否合理，并初步掌握陈设品的搭配方法。

训练步骤：（1）分组。将全班学生分成3～4人/组的若干组。

（2）任务分配。教师给每个小组分配一套室内空间的整体搭配效果图（陈设品搭配不合理）。

（3）分析并搭配。让学生分析不合理的搭配之处，各小组将搭配效果不理想的陈设品进行替换，并说明替换理由。

（4）搭配效果汇报。各组将资料整理好，每组由一名学生以PPT形式进行汇报。

项目六

PROJECT SIX

优秀软装饰设计案例欣赏

YOUXIU RUANZHUANGSHI SHEJI ANLI XINSHANG

学习目标

1. 了解软装饰设计的全套设计文本包含的内容。
2. 能运用相关设计软件制作全套软装饰设计方案文本。

教学方法

1. 理论讲授、图片展示与课堂提问结合，通过典型的软装饰设计方案文本的展示、分析与讲解，启发和引导学生的设计思维，锻炼学生的设计文本制作能力和设计图片搭配能力。
2. 遵循教师为主导、学生为主体的原则，采用启发式提问结合作品的现场分析与点评的教学方式，调动学生积极思考，鼓励学生探究设计技巧。

学习要点

1. 软装饰设计方案文本的版式设计技巧。
2. 软装饰设计方案文本的文化内涵。
3. 软装饰设计方案文本的设计说明撰写技巧。

案例一 H_2O成都后花园会所软装饰设计意向文本

会所首层大堂效果图

——The first floor lobby rendering

软装陈设元素分析

首层大堂以原木色的铺装，以及全景天窗结构的贯穿，为整个空间赋予了灵性。在家具及饰品颜色的选择上以室内空间的色彩为主，设计灵感源自运动的形态。

The first floor of the hall is paved with the original wood color and the panoramic skylight structure, giving the spirit to the whole space. In the choice of furniture and furniture, the color of interior space is the main color, and the form of the ornament is designed with the sense of movement.

会所空间软装陈设元素
——Soft outfit club space display elements

大自然的形态、色彩与运动元素的特征相契合，会所软装陈设的家具布艺色彩元素都源于此，灵于型，染于色。

会所空间软装陈设元素
——Soft outfit club space display elements

空间的装饰元素源于大自然的色彩空间艺术形态。

会所首层大堂平面布置图
——The first floor lobby layout

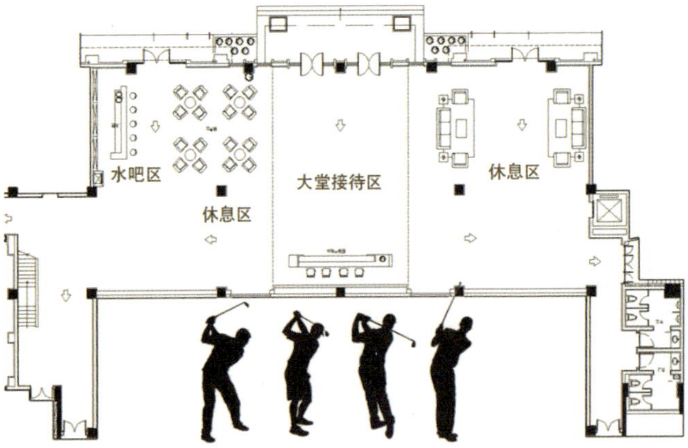

软装陈设设计元素

此会所是以运动健身为主，空间体态符号的出现无疑为空间赋予了设计元素的共性。在家具、布艺、饰品等形态的选择上都会体现运动的符号元素特征，使空间具有独特的艺术氛围，使运动理念贯穿整个立面的体量构图。

The emergence of the space body symbol is given for the space design elements of the commonness of this club is mainly sports fitness. In furniture, cloth art, jewelry, etc on the choice of form will be derived movement of the symbol element characteristic, make the space has the unique artistic atmosphere and space element, the party throughout the whole facade size composition.

会所首层大堂软装陈设设计
——The first floor lobby soft outfit display design

会所首层大堂软装陈设设计

——The first floor lobby soft outfit display design

会所首层棋牌大厅贵宾室软装陈设设计

——Soft outfit club first chess hall furnishings design

会所首层棋牌大厅贵宾室软装陈设设计
——Soft outfit club first chess hall furnishings design

会所首层棋牌大厅软装陈设设计
——Soft outfit club first chess hall furnishings design

会所首层台球休息区软装陈设设计

——Club first billiards rest area soft furnishings design

会所首层台球休息区软装陈设设计

——Club first billiards rest area soft furnishings design

会所首层棋牌包厢软装陈设设计

——Club first chess rooms soft furnishings design

会所首层棋牌包厢软装陈设设计

——Club first chess rooms soft furnishings design

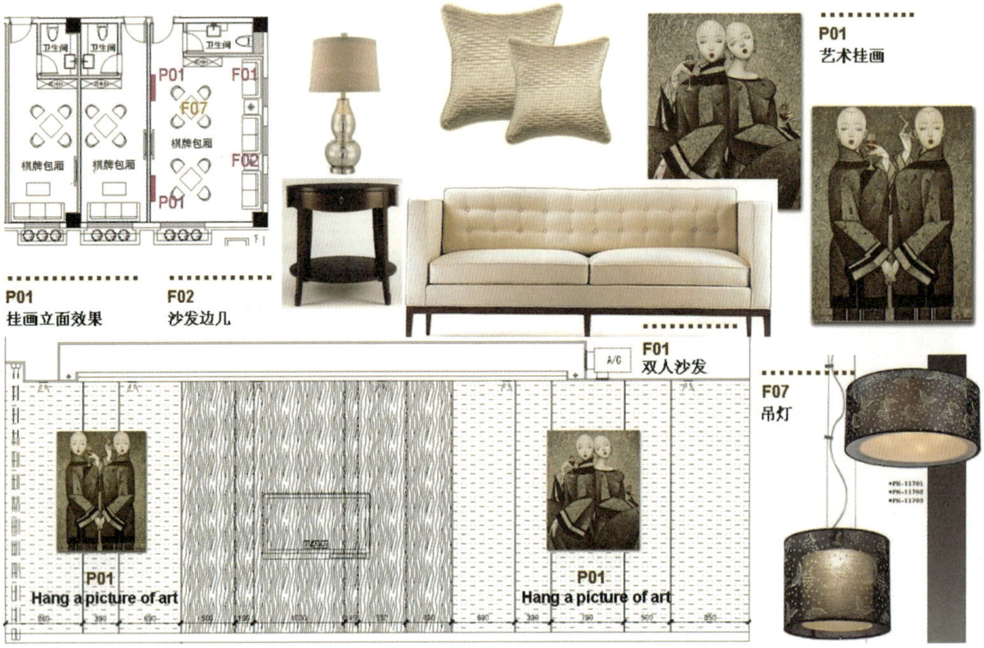

会所首层棋牌大厅软装陈设设计

——Soft outfit club first chess hall furnishings design

会所游泳馆软装陈设设计

——Club swimming pool soft furnishings design

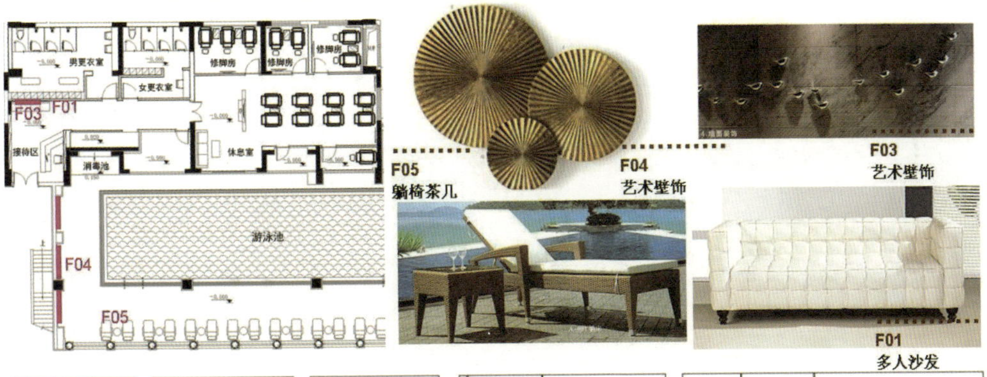

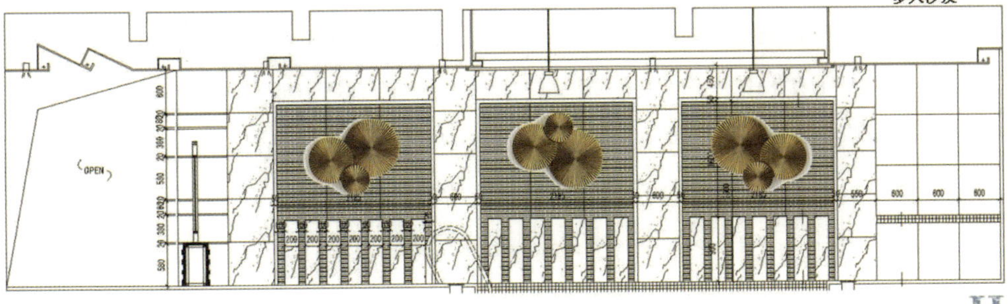

会所游泳馆修脚房软装陈设设计

——Club swimming pool pedicure room soft furnishings design

会所二层茶室包房走道软装陈设设计

——Club floor tea room room corridor soft furnishings design

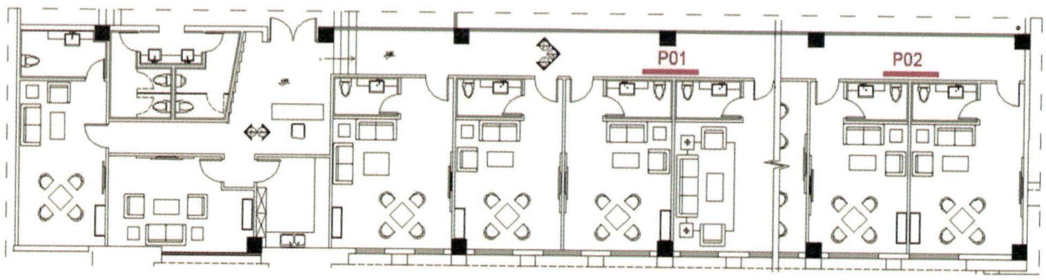

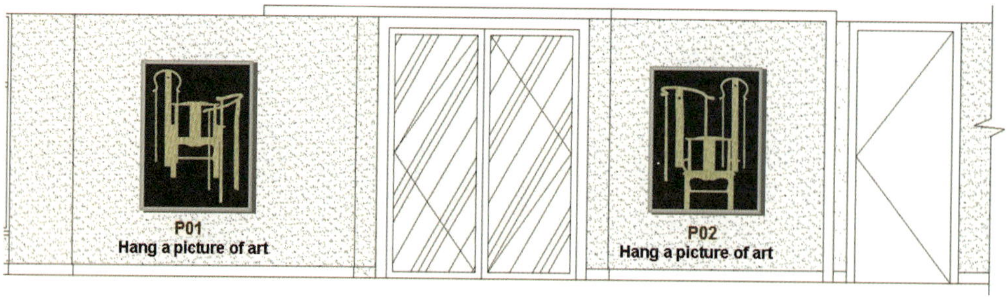

会所二层茶室包房软装陈设设计

——Club floor tea room rooms soft furnishings design

会所二层屋顶花园软装陈设设计

——Club on the second floor roof garden soft furnishings design

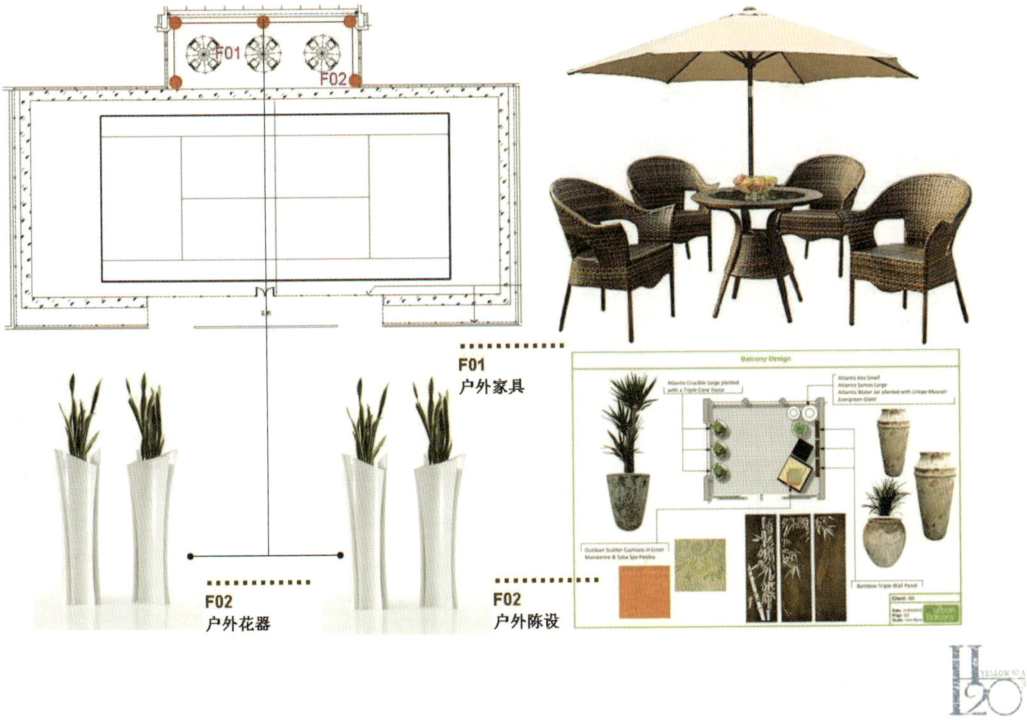

图6-1　H2O成都后花园会所软装饰设计案例

[广州中海誉城（萝岗）-TH别墅-现代中式]
A private world,
revealed for the first time.
A place where yesterday & tomorrow coexist.
Beyond these doors, luxury awaits.
clex
CLEX ATELIER CO.,LTD卡络思琪空间艺术

精致不碍大气——深沉静逸 禅意东方
[广州中海誉城(萝岗)-TH别墅-现代中式]
灰调子的稳重内敛中，提炼出高纯度的冷褐，搭配静逸的深黑，野火的红棕色，悄然化为绕指柔：
不以繁花撰写中式大宅别墅，而以黑橡木搭配浅色编织物料，大多强调其功能性，减少装饰和点缀的笔墨，其造型简洁，多为直线条，提炼、沉淀出深宅大院独有的韵味底气。
由于户型设计赋予了主人翁诗书世家的高雅气质，因此在家具选材及饰品搭配方面都以简洁大气为主。装饰品方面，光洁的白瓷当仁不让地栖息于每个空间，宛若小精灵般点缀精致。
整室的挂画及花艺，把岭南元素糅为一体，衍生出变化多端的形态，与刚劲的书法融为一脉，尽情地展现足够力度的张扬和端庄。
A private world,
revealed for the first time.
A place where yesterday & tomorrow coexist.
Beyond these doors, luxury awaits.
clex CLEX ATELIER CO.,LTD卡络思琪空间艺术

[广州中海誉城（萝岗）-TH别墅-现代中式]

一层平面图

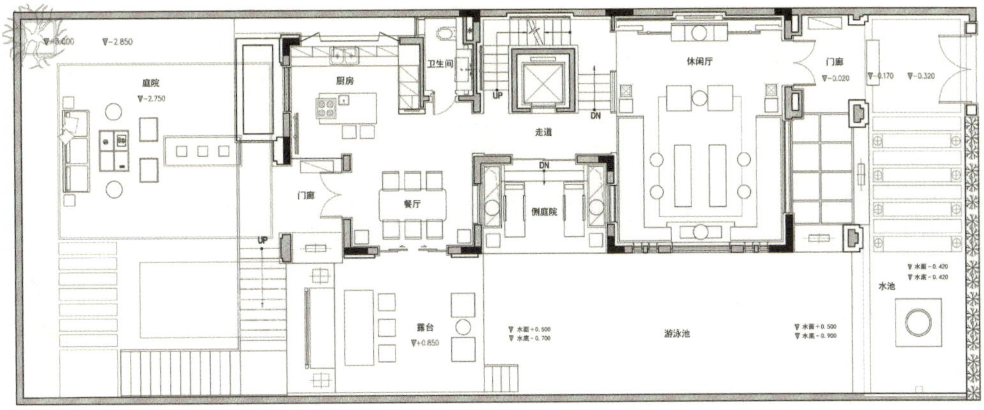

CLEX ATELIER CO.,LTD卡络思琪空间艺术

客厅 Living Room

A private world,
revealed for the first time.
A place where yesterday & tomorrow coexist.
Beyond these doors, luxury awaits.

CLEX ATELIER CO.,LTD卡络思琪空间艺术

餐厅 Dining Hall

A private world,
revealed for the first time.
A place where yesterday & tomorrow coexist.
Beyond these doors, luxury awaits.

CLEX ATELIER CO.,LTD 卡络思琪空间艺术

厨房 The Kitchen

A private world,
revealed for the first time.
A place where yesterday & tomorrow coexist.
Beyond these doors, luxury awaits.

CLEX ATELIER CO.,LTD 卡络思琪空间艺术

庭院 The Courtyard

A private world,
revealed for the first time.
A place where yesterday & tomorrow coexist.
Beyond these doors, luxury awaits.

clex CLEX ATELIER CO.,LTD卡络思琪空间艺术

[广州中海誉城（萝岗）-TH别墅-现代中式]

二层平面图

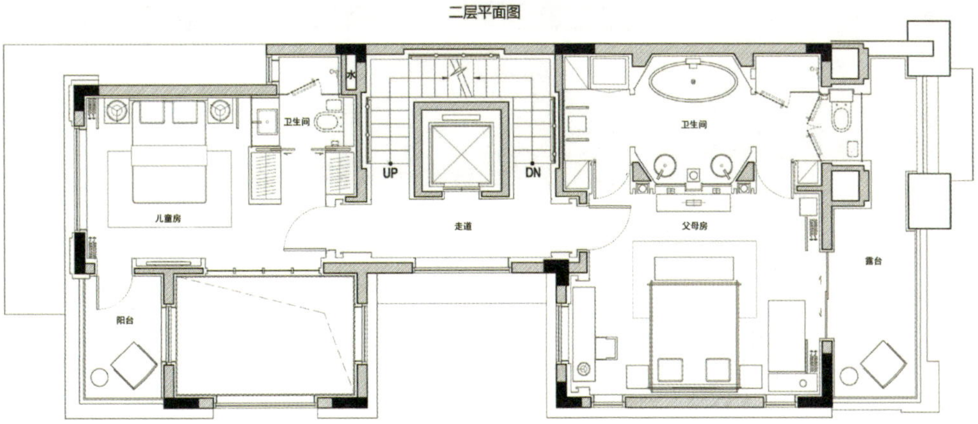

clex
CLEX ATELIER CO.,LTD卡络思琪空间艺术

儿童房 Kid's Room

A private world,
revealed for the first time.
A place where yesterday & tomorrow coexist.
Beyond these doors, luxury awaits.

CLEX ATELIER CO.,LTD卡络思琪空间艺术

父母房 Elder Room

A private world,
revealed for the first time.
A place where yesterday & tomorrow coexist.
Beyond these doors, luxury awaits.

CLEX ATELIER CO.,LTD卡络思琪空间艺术

[广州中海誉城（萝岗）-TH别墅-现代中式]

三层平面图

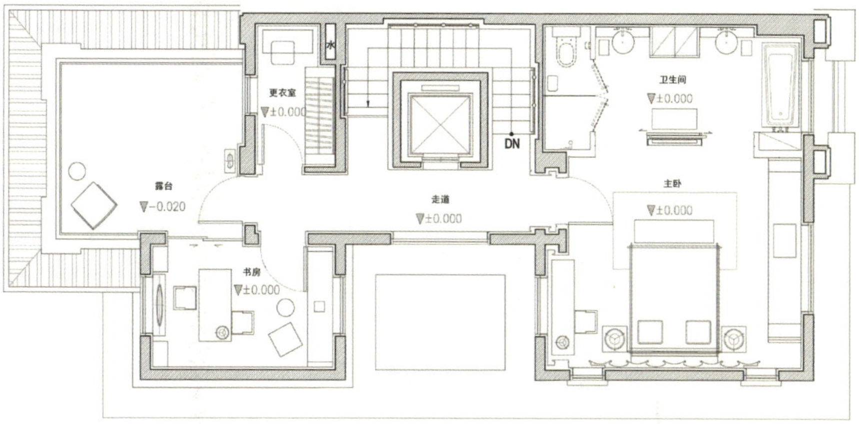

CLEX ATELIER CO.,LTD卡络思琪空间艺术

书房 Reading Room

A private world,
revealed for the first time.
A place where yesterday & tomorrow coexist.
Beyond these doors, luxury awaits.

CLEX ATELIER CO.,LTD卡络思琪空间艺术

主人房 Master Room

A private world,
revealed for the first time.
A place where yesterday & tomorrow coexist.
Beyond these doors, luxury awaits.

CLEX ATELIER CO.,LTD卡络思琪空间艺术

衣帽间及卫浴 Bath Room

A private world,
revealed for the first time.
A place where yesterday & tomorrow coexist.
Beyond these doors, luxury awaits.

CLEX ATELIER CO.,LTD卡络思琪空间艺术

[广州中海誉城（萝岗）-TH别墅-现代中式]

地下室平面图

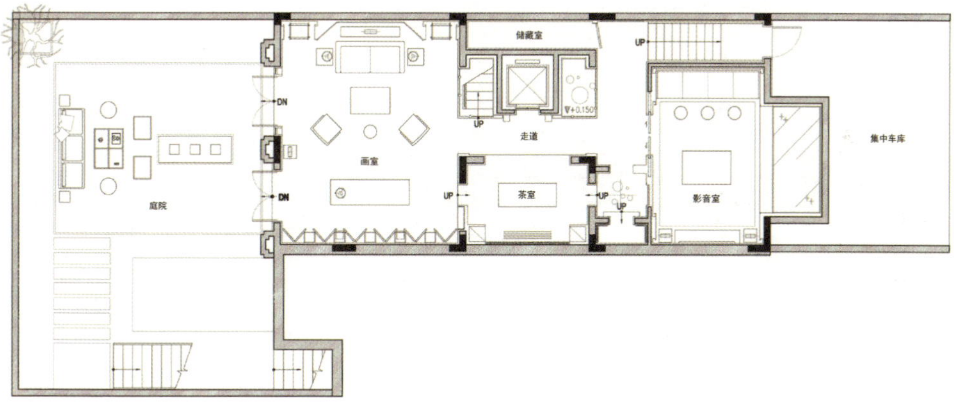

CLEX ATELIER CO.,LTD卡络思琪空间艺术

画室 Painting Room

CLEX ATELIER CO.,LTD卡络思琪空间艺术

影音室 Audio Room

图6-2　卡络思琪广州中海誉城现代中式别墅软装饰设计方案

案例三　卡络思琪广州中海誉城时尚都市风格样板间室内软装饰设计意向文本

[中海誉城（萝岗）-A1、A2#3户型d型-时尚都市]

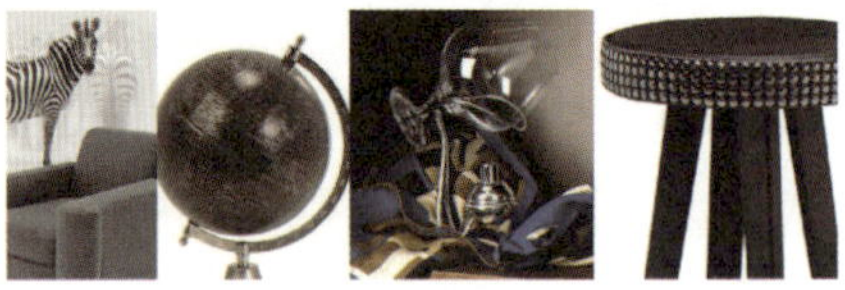

A private world,
revealed for the first time.
A place where yesterday & tomorrow coexist.
Beyond these doors, luxury awaits.

CLEX ATELIER CO.,LTD卡络思琪空间艺术

[中海誉城-A1、A2#3户型d型-时尚都市]

Coloer & Materials 色彩搭配及面料

个性、自由，时尚都市新风

天生散发着高贵气质的*天鹅绒*面料搭配着个性张扬的*真皮皮革*，再衬托着稳重大气的*实木家具*，点缀着奢华极致的*皮草*和象征着社会进步的*镜面不锈钢*，一步步地诠释了新古典向既深刻又时尚方向演化的潮流趋势，试图挣脱传统理念的束缚，在强调个性的设计中创造全新质感，并将永恒优雅与奢华都市风尚完美融合，经典又不失个性。

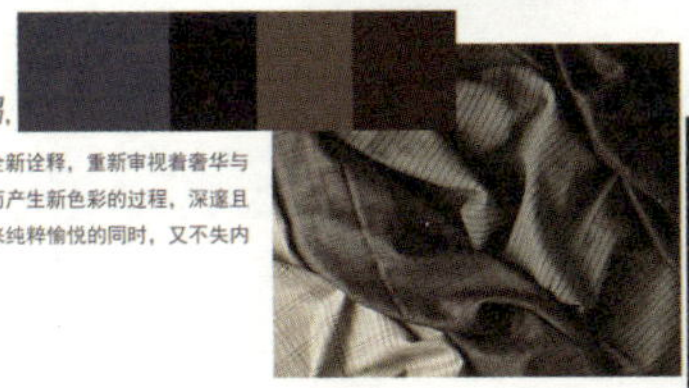

*宝石蓝*到*亚光黑*，

*浅橄榄灰*深至*深木褐*，

皆表达出对于新古典生活的全新诠释，重新审视着奢华与时尚的色调，物料对比融合而产生新色彩的过程，深邃且自然。在体验优雅奢华所带来纯粹愉悦的同时，又不失内敛的低调韵味。

经典宝蓝色点睛的空间集古典和时尚浑然于一体。用其最精美、细腻的角度刻画，将项目的摩登、奢华、时尚、优雅展现无疑，独具创新。

A private world,
revealed for the first time.
A place where **yesterday** & **tomorrow** coexist.
Beyond these doors, *luxury* awaits.

---

clex CLEX ATELIER CO.,LTD卡络思琪空间艺术

[中海誉城（萝岗）-A1、A2#3户型d型-时尚都市]

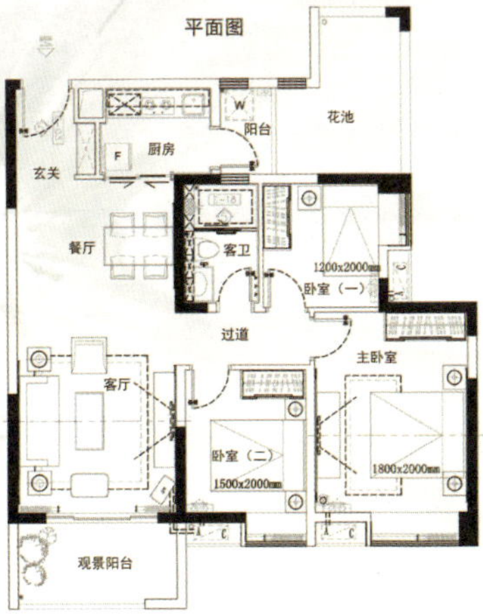

clex
CLEX ATELIER CO.,LTD卡络思琪空间艺术

客厅 Living Room

clex CLEX ATELIER CO.,LTD 卡络思琪空间艺术

餐厅 Dining Hall

clex CLEX ATELIER CO.,LTD 卡络思琪空间艺术

图6-3　卡络思琪广州中海誉城时尚都市样板间软装饰设计方案

案例四 北欧知识城软装饰设计意向文本

软装概念设计方案

Decoration Concept Design Scheme

3G创意国际广场

Northern Europe Knowledge city Sales departmnet

项目简介：北欧知识城以世界先进人居理念规划，总面积约1200亩。一期A地约220亩：学校100亩，住宅100多亩（联排别墅+花园洋房+高层电梯），打造高品质北欧低碳生活方式。项目整体以“知识大道”为主轴线，串联“一区一桥一公园”及“两街三校四中心”。

一、一区一桥一公园

低碳示范区：与北欧看齐，中国西部低碳住宅示范区。知识桥：寓意中国与北欧经济合作发展的枢纽，仿哥本哈根老城的北欧风情建筑。诺贝尔主题公园：是以新科技、新能源、环保为主题的沿河景观公园，展现北欧风情文化。

二、两街三校四中心

两街：欧洲精品商业街与滨水酒吧休闲街。三校：丹麦幼稚园，针对幼儿智力开发；国际中小学校；哥本哈根商学院中国校区，源起促进北欧（丹麦）与中国经济技术交流，旨在培养MBA等高端管理人才。四中心：欧洲商务中心、北欧会展中心、文化艺术中心、设计创意中心。

MOOD+CONCEPT

室内设计概念定位

关键词：简洁，功能化，贴近自然，线条，大色块，天然材料......

Keywords: concise, functionalization, the closeness to nature,lines, color piece, natural material...

MOOD+CONCEPT

色彩分析

关键词：丹麦人文，地理，硬装基调，分解，提取......

丹麦的风景　　丹麦专属色　　效果图

MOOD+CONCEPT

室内设计材质定位

选用天然材质的同时，充分利用材质的自然属性，如色彩，质感，肌理，面料多会用棉质物或者亚麻，衬托白色和原木色的背景。

MOOD+CONCEPT

情绪分析

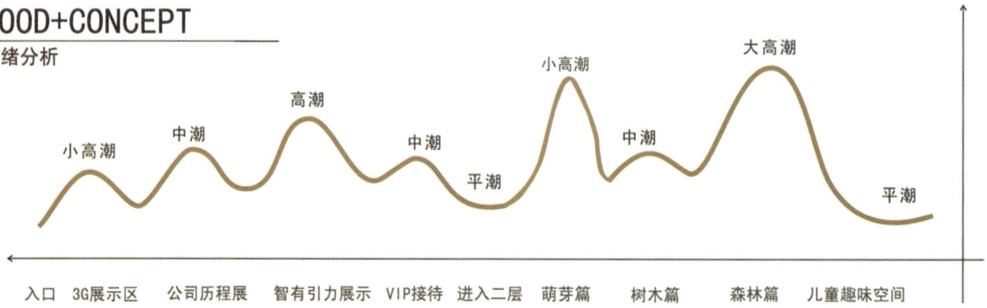

感官是各种感觉功能的总称，通过感官体验能够得到平静、激昂、愉悦等不同的精神感受，通过对场所的气氛营造，从而影响人在示范区的综合情感。情绪线索分为：平潮、中潮、高潮、小高潮、大高潮，可使人在空间中得到充分体验，从而达到营销的目的。

MOOD+CONCEPT
感官分析

视觉 Visual

通过画面、多媒体视频等手段传达企业文化以及产品品味。

触觉 Tactile

墙面肌理、皮质沙发、布艺等细腻的质感，透着简约、时尚的气息。

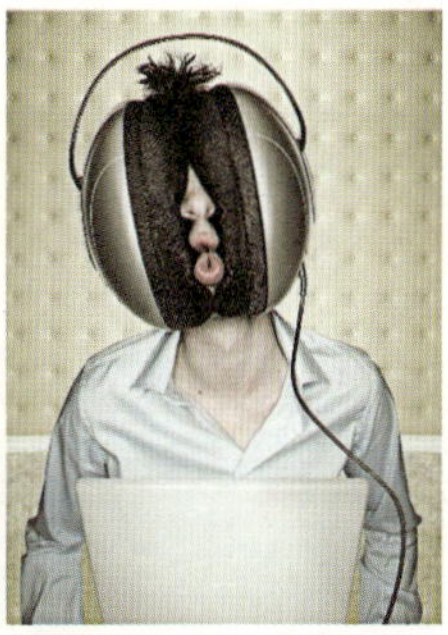

听觉 Hearing

利用背景音乐等手段清晰地传达我们要表达的内容。

嗅觉 Olfactory

通过室内散发出的淡淡咖啡香、茶的余香、书香对周边氛围产生烘托作用，暗示产品的品质定位。

- 3G智库体验中心的软饰，不光是从空间饰面去打动人，而是从不同的角度去思考如何营造一个优秀的空间，我们通过对人物的感官：视觉、触觉、听觉与嗅觉方面的分析，全面打造空间的每个细节。

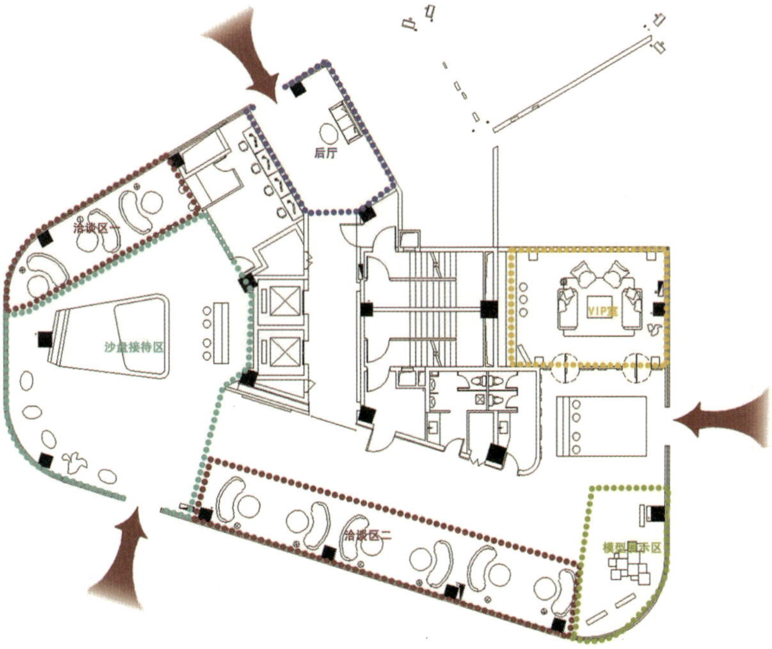

一层平面布置图

1F/NEGOTIATION CONCEPTUAL DESIGN

1#楼　一层入口门厅效果图

1F/NEGOTIATION CONCEPTUAL DESIGN

1#楼　一层入口门厅家具与装饰品

入口的家具，台灯色彩、材质延续硬装的整个基调，原木色，白色。

1F/NEGOTIATION CONCEPTUAL DESIGN

1#楼　　一层模型区与洽谈区效果图

1F/NEGOTIATION CONCEPTUAL DESIGN

1#楼　　一层入口门厅雕塑

雕塑的灵感来自于“北欧知识城”的字面意思，将字进行拆分，知识与创意的结合揉和进书本，一切的人类文明都需要知识作为基石。

1F/NEGOTIATION CONCEPTUAL DESIGN

1#楼　一层模型与水吧区

以自然元素蒲公英吊灯为主的沙盘区是这个区域的焦点，树叶的元素延伸至卷帘让人感受扑面而来的自然气息。

1F/NEGOTIATION CONCEPTUAL DESIGN

1#楼　一层洽谈区

1F/NEGOTIATION CONCEPTUAL DESIGN
1#楼　“智有引力”概念形象区

“智有引力”形象区属于半私密空间，灯具的灵感来自于蒲公英，单在材质上更具有高级感。

1F/NEGOTIATION CONCEPTUAL DESIGN
1#楼　一层VIP效果图

1F/NEGOTIATION CONCEPTUAL DESIGN
1#楼　　一层VIP接待室

依然延续蒲公英的种子元素，将其体现在地毯上。

1F/NEGOTIATION CONCEPTUAL DESIGN
1#楼　　一层电梯厅与后厅效果图

1F/NEGOTIATION CONCEPTUAL DESIGN
1#楼　　一层后厅效果图

2F/NEGOTIATION CONCEPTUAL DESIGN
2#楼　　二层平面图

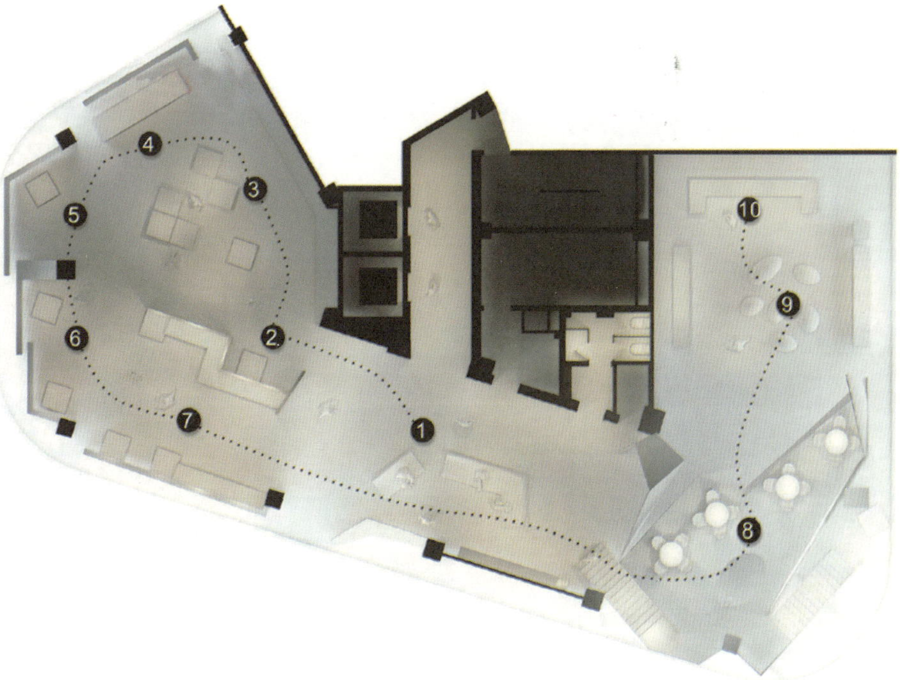

2F/NEGOTIATION CONCEPTUAL DESIGN

2#楼　二层布展形式参考

2F/NEGOTIATION CONCEPTUAL DESIGN

2#楼　二层展示区

“萌芽”需要播种，展示区体现着丹麦的农耕文化和经济的发展，展现丹麦人的日常生活用具。

2F/NEGOTIATION CONCEPTUAL DESIGN

2#楼　　**二层展示区元素**

2F/NEGOTIATION CONCEPTUAL DESIGN

2#楼　　二层展示区

灌输丹麦优秀的设计理念，并且感受设计给生活带来的变化，体验中丹两国的文化碰撞。

2F/NEGOTIATION CONCEPTUAL DESIGN

2#楼　　二层展示区

丹麦是发达的西方工业国家，不同时代的经典设计将人代入时光隧道，各种感官的体验在这里得到最大的展示。

2F/NEGOTIATION CONCEPTUAL DESIGN

2#楼　　二层儿童区示意图

2F/NEGOTIATION CONCEPTUAL DESIGN

2#楼　二层主题布展区

“森林”与家具的组合形式，让人停下脚步，感受音乐、书籍、网络等带给人们的成长体验。

图6-4　北欧知识城软装饰设计方案

案例五　邱德光样板间室内软装饰设计意向文本

客厅窗帘
CA01 客厅地毯
CL02 客厅吊灯
DL01 客厅角几台灯
一层客厅平面图
玄关
客厅
F07客厅多人沙发
F08客厅角几
F11客厅角几
F09 客厅单人沙发 & F10 客厅大茶几
客厅大茶几摆饰
F12 客厅装饰台
客厅装饰台摆饰

厨房摆饰
CL03 餐厅吊灯
餐台摆饰
餐台摆饰
餐厅窗帘
餐厅装饰画
餐厅
厨房
公卫
F13 餐厅餐桌
一层餐厅平面图

二层平面图
大茶几摆饰
F15 家庭厅多人沙发
F16 家庭厅单人沙发
家庭厅墙面装饰画
CA02 家庭厅地毯
F17 家庭厅大茶几
角几摆饰
F18 家庭厅角几
家庭厅窗帘（双层纱帘）

二层平面图
F19 老人房床
CL04 老人房吊灯
老人房装饰画
装饰柜摆饰
老人房更衣间装饰画
CA03 老人房地毯
F25 老人房床头柜
DL02 老人房床头灯
F24 老人房角几
大茶几摆饰
F20 老人房休息沙发
F22 老人房装饰柜
F23 老人房休息沙发
F21 老人房大茶几

F27
F26
小孩房2
F28
F29
F30
玄关
小孩房1
公卫
二层平面图
小孩房床头装饰画
小孩房窗帘
F29 小孩房化妆台
DI03小孩房床头台灯
CL05 小孩房吊灯
F26 小孩房床
CA04 小孩房地毯
小孩房化妆台摆饰
F30 小孩房妆凳
F28 小孩房床尾凳
F27 小孩房床头柜
小孩房床上摆饰

二层平面图
小孩房2
玄关
小孩房1
F33
F31
F32
公卫
小孩房窗帘
小孩房床头装饰画
CA05 小孩房地毯
CL06 小孩房吊灯
DL04 床头台灯
F31 小孩房床＆F32 床头柜
床上摆饰
小孩房装饰画
F33 小孩房床尾凳

三层主卧
平面图
F37
F34
F38
F35
F39
F36
主卧
洗手间
衣帽间
CL07 主卧吊灯
主卧装饰柜
摆饰
F40 主卧装饰柜
CA06 主卧地毯
主卧窗帘
主卧装饰镜
DL05 主卧床头台灯
F34 主卧床
F35 主卧休闲多人沙发 & F36 主卧大茶几
F38 主卧休闲沙发
F39 主卧装饰台
F37 主卧床头柜

凉亭
书房
F43
景观阳台
F41
F42
F51
CL08 书房吊灯
书房装饰画
F41 书房书桌
F42 书房书椅
景观阳台植物样式
书房窗帘
书房休闲沙发
背景装饰镜
F43 书房休闲沙发
CA07 书房地毯
F51 景观阳台桌椅

阳台
主卫
工人房
花园阳台
洗衣房
车库
娱乐区
F52
F44
F45
F46
F48
地下一层平面图
F45 娱乐区休闲沙发&F46 娱乐区茶几
娱乐区窗帘
CL09 娱乐区
台球桌吊灯
F52 花园阳台
休息躺椅
F47 娱乐区酒柜
F53 花园阳台
休息躺椅角几
F48 娱乐区吧凳
F44 娱乐区台球桌

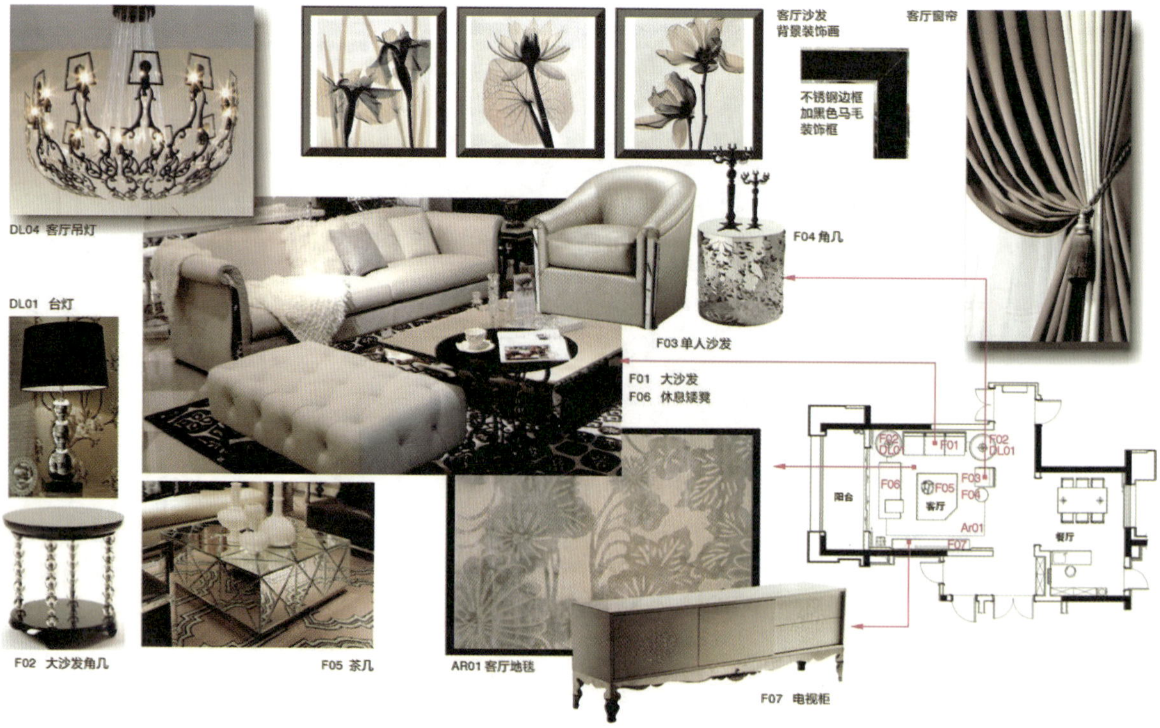
客厅沙发
背景装饰画
客厅窗帘
不锈钢边框
加黑色马毛
装饰框
DL04 客厅吊灯
F04 角几
DL01 台灯
F03 单人沙发
F01 大沙发
F06 休息矮凳
阳台
客厅
餐厅
F02 大沙发角几
F05 茶几
AR01 客厅地毯
F07 电视柜

F20
阳台
客厅
F08
F09
餐厅
F31
F10
F11
F20 装饰台
餐桌背景装饰镜
DL05 餐厅吊灯
不锈钢边框加黑色钢琴漆饰面装饰框
F08 餐桌
餐厅窗帘
F31 入口鞋柜墙面装饰镜
F31 入口鞋柜
F11 酒柜&备餐柜
F09 餐椅
酒柜区域装饰摆件
餐桌摆设
餐桌摆设金属桌旗
F10 吧凳

窗帘
F17 装饰柜墙面装饰镜
DL06 吊灯
F12 双人床
DL02 床头台灯
F13 床头柜
F17 装饰柜
F14 床尾凳
床上摆饰
F16 装饰台
AR02 地毯
F15 休闲椅
化妆台摆饰
F18 化妆台
F19 化妆凳
DL02
F13
F12
主卧
F15
F14
F16
主卫
F19
F18
F17
Ar02

DL03 床头灯
F21 双人床
DL07 吊灯
不锈钢边框
加黑色马毛
装饰画框
装饰柜背景墙面装饰画
F22 床头柜
F23 装饰柜
次卧窗帘
Ar03 地毯
F26 衣柜
F24 化妆台
F24
F23
F25
Ar03
次卧
F21
F26
F22
DE03
F22
DL03
F25 化妆椅

F28
F29
小孩房
F27
F30
DL08 吊灯
写字桌背景
墙面装饰镜
写字桌
台灯
F28 写字桌
窗帘
F27 单人床
F29 写字椅
装饰画
F27 单人床摆饰
F30 装饰柜
写字台摆饰

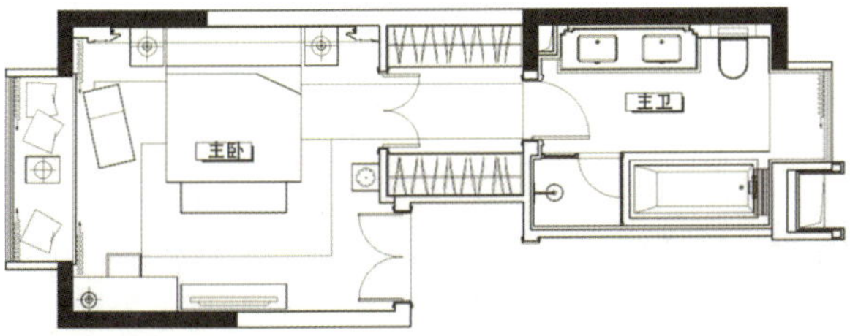

卫生间
洗浴器皿

装饰瓶

卫生间罗马窗帘

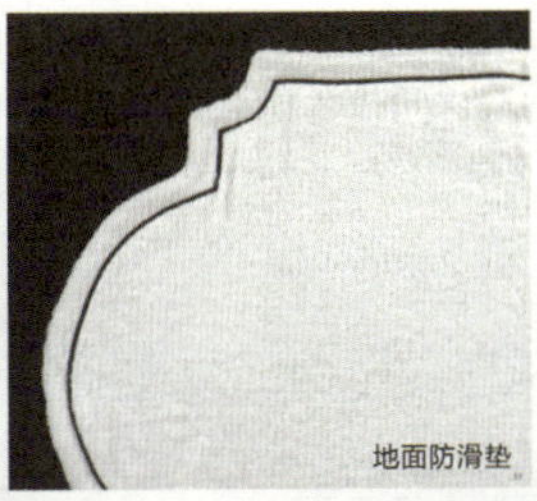

地面防滑垫

座厕背景器皿

洗浴器皿

装饰瓶

地面防滑垫

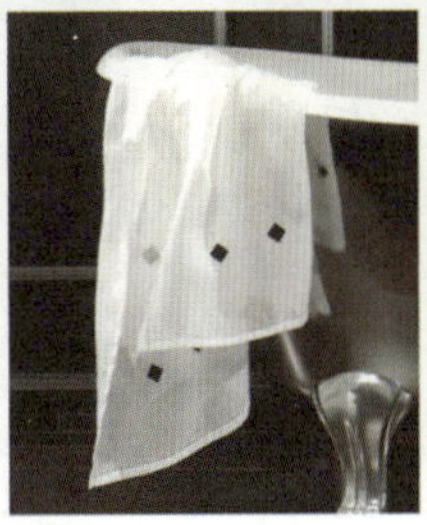

浴巾

毛巾

盛器

果盘

盛器

装饰花艺

厨房窗帘

灶台器皿

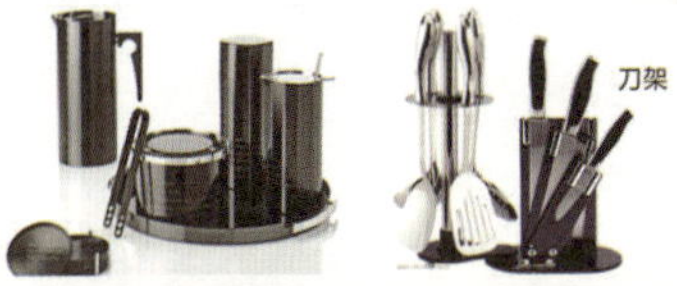

刀架

盛器

盛器

果盘

图6-5　邱德光样板间室内软装饰设计方案

设计训练

训练任务：制作室内软装饰设计方案意向文本。

训练目的：通过本次训练，加深学生对室内软装饰设计的了解，培养学生创意能力，为之后的工作奠定基础。

背景资料：该业主是一对已婚夫妇，二人育有一名7岁的女儿。由于夫妻二人工作较忙，无时间照顾女儿。为此，为了使女儿得到更周到的照顾，新购置了一套三室两厅一卫的房子（其平面图如6-6所示），准备与男主人的父母一起生活。

训练步骤：（1）确定风格。根据前面章节所学知识，并查阅资料，选定一种设计风格，编写该居住空间室内软装饰设计的设计说明。

（2）搜集资料。根据所确定的设计风格，搜集与其相关的软装素材，包括家具、窗帘、地毯、工艺品、灯饰、挂画和餐具等装饰。

（3）设计的开展。根据各空间功能需求，对各空间进行有新意的软装饰搭配，并画出平面布置图，以文本形式呈现。（要求：在文本上标注图片注释，且所有文本版式设计风格应统一。）

（4）装订成册。整理各文本资料，按照封面、目录、设计说明、各功能空间具体设计方案的顺序，将所有文本装订成册。

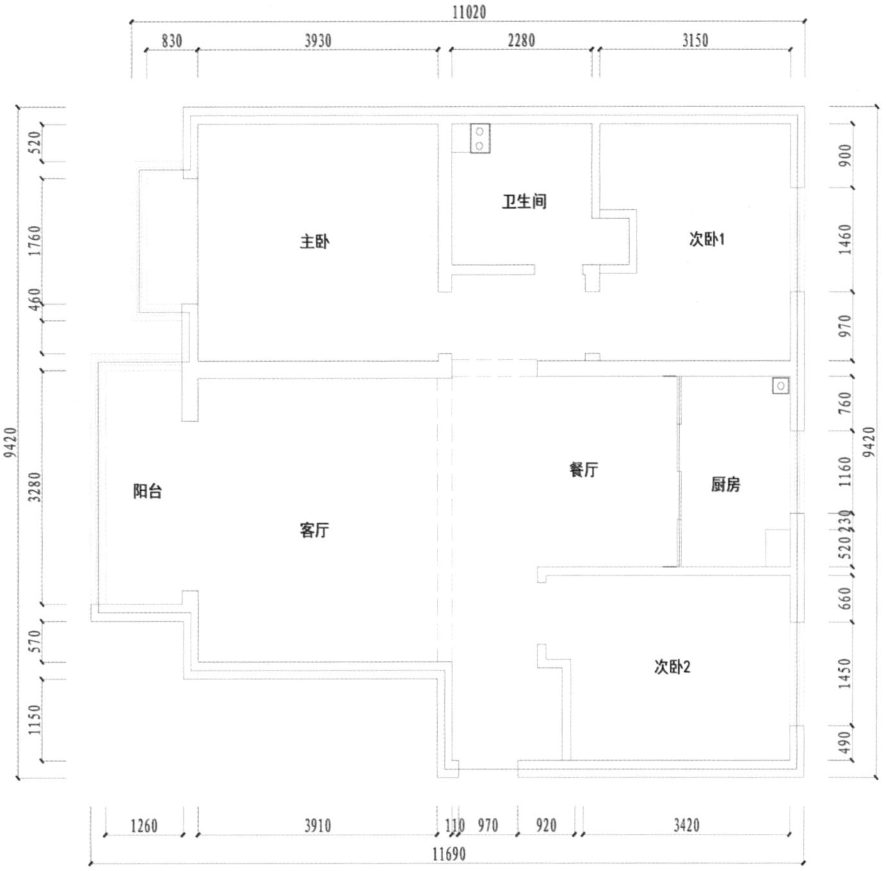

图6-6　某居住空间平面布置图

参考文献

[1] 贡布里希．艺术发展史［M］．范景中，译．天津：天津人民美术出版社，1991．

[2] 王受之．世界现代建筑史［M］．北京：中国建筑工业出版社，1999．

[3] 王受之．世界现代设计史［M］．广州：新世纪出版社，1995．

[4] 陈志华．室内设计发展史［M］．北京：中国建筑工业出版社，1979．

[5] 齐伟民．室内设计发展史［M］．合肥：安徽科学技术出版社，2004．

[6] 陈易．室内设计原理［M］．北京：中国建筑工业出版社，2006．

[7] 邱晓葵．室内设计［M］．北京：高等教育出版社，2002．

[8] 张绮曼，郑曙阳．室内设计资料集［M］．北京：中国建筑工业出版社，1991．

[9] 李朝阳．室内空间设计［M］．北京：中国建筑工业出版社，1999．

[10] 陆震伟，来增祥．室内设计原理［M］．北京：中国建筑工业出版社，1997．

[11] 霍维国，霍光．室内设计原理［M］．海口：海南出版社，2000．

[12] 李泽厚．美的历程［M］．天津：天津社会科学院出版社，2001．

[13] 史春珊，孙清军．建筑造型与装饰艺术［M］．沈阳：辽宁科学技术出版社，1988．

[14] 童慧明．100年100位家具设计师［M］．广州：岭南美术出版社，2006．

[15] 汤重熹．室内设计［M］．北京：高等教育出版社，2003．

[16] 朱钟炎．室内环境设计原理［M］．上海：同济大学出版社，2003．

[17] 热尔曼.巴赞．艺术史［M］．刘明毅，译．上海：上海美术出版社，1989．

[18] 许亮，董万里．室内环境设计［M］．重庆：重庆大学出版社，2003．

[19] 尹定邦．设计学概论［M］．长沙：湖南科学技术出版社，2001．

[20] 席跃良．设计概论［M］．北京：中国轻工业出版社，2004．

[21] 潘吾华．室内陈设艺术设计［M］．北京：中国建筑工业出版社，2006．

[22] 徐宾宾．品位—陈设艺术［M］．武汉：华中科技大学出版社，2010．

[23] 严建中．软装设计教程［M］．南京：江苏人民出版社，2013．

[24] 薛野，张晓梅．室内软装饰设计［M］．上海：上海交通大学出版社，2013．

[25] 招霞．软装设计配色手册［M］．南京：江苏凤凰科学技术出版社，2015．

[26] 薛野．室内软装饰设计［M］．北京：机械工业出版社，2016．